高等教育工业设计专业“十四五”规划教材

三维基础形态造型创意设计

王 璿 王 鑫◎编著

中国铁道出版社有限公司
CHINA RAILWAY PUBLISHING HOUSE CO., LTD.

内 容 简 介

本书通过对立体形态构成原理的学习、对形态创造规律方法的研究,通过使用泥、石膏、木材为材料进行造型训练,从而准确表达出材质与工艺的语言,进而深入理解不同寓意形态组合的一般规律及造型美感,使学生学会认识形态的本质,理解形态的美是各种矛盾的协调结果,培养其对形体和空间美的感应力,认识到作为设计师应用形体来表达所设计的思想。

本书适合作为工业设计、产品工程、艺术设计专业本科学生及研究生的教学用书。

图书在版编目(CIP)数据

三维基础形态造型创意设计/王璿,王鑫编著.—北京:中国铁道出版社有限公司,2022.6

高等教育工业设计专业“十四五”规划教材

ISBN 978-7-113-29108-2

Ⅰ.①三… Ⅱ.①王… ②王… Ⅲ.①三维-工业产品-造型设计-高等学校-教材 Ⅳ.①TB472

中国版本图书馆CIP数据核字(2022)第076502号

书　　名: 三维基础形态造型创意设计
作　　者: 王　璿　王　鑫

策　　划: 潘星泉　　　　**编辑部电话:** (010)51873090
责任编辑: 潘星泉
封面设计: 王　鑫
封面制作: 刘　颖
责任校对: 安海燕
责任印制: 樊启鹏

出版发行: 中国铁道出版社有限公司(100054,北京市西城区右安门西街8号)
网　　址: http://www.tdpress.com/51eds/
印　　刷: 北京联兴盛业印刷股份有限公司
版　　次: 2022年6月第1版　2022年6月第1次印刷
开　　本: 787 mm×1 092 mm 1/16　**印张:** 5.75　**字数:** 135千
书　　号: ISBN 978-7-113-29108-2
定　　价: 35.00元

版权所有　侵权必究

凡购买铁道版图书,如有印制质量问题,请与本社教材图书营销部联系调换。电话:(010)63550836

打击盗版举报电话:(010)63549461

前　　言

本书通过介绍三维基础形态的造型，探讨三维基础形态的造型组合及创造规律，旨在提高学生的三维造型能力。本书内容是提高三维基础形态造型设计能力的必备知识，是塑造学生的产品造型设计能力的基础。

本书通过设计材料进行造型训练，从而准确表达出材质与工艺的语言，以便深入理解不同寓意形态组合的一般规律及造型美感。本书能够帮助学生建立起对三维造型的感性经验，掌握基本的处理技巧，并能够在同一形态中，运用不同材质、不同工艺手段表达物体形态的转折、过渡与结尾。本书还能够帮助学生熟练运用设计材料，提高对材料和工艺的理解和思考，了解形态承载的视觉、知觉、心理、情感、习俗等内容，增强造型审美形式的感受能力，体验并把握设计材料的基本特性和肌理特征，从而进行创意三维造型语义表达。

本书在阐述知识点时，避免了刻板的介绍，注重图文并茂，并结合具体图例，深入浅出地阐述了三维基础造型发展中有关设计的概念。本书对知识点的衔接前后有序，对原创作品以及不同设计风格作品的分析透彻深入，注重知识内容的丰富性、综合性和专业性，具有一定的深度。本书重点突出了“主题训练”的方法和过程教学法，并严格按照教学大纲的要求，引导学生创作优秀原创作品。本书不仅训练学生学习形态的变化及造型的组合，还通过结合形态构成、材料等知识点的讲解和造型分析，为学生展示出造型创作的完成过程以及设计思路，使学生学会认识形态的本质及形态的美是各种矛盾的协调结果，从而培养其对形体和空间美的感应力，认识到作为设计师应用形态来表达所设计的思想，用形态来表达一种意境、语义——语义能直接表达出产品的功能和设计的思想。本书结合艺术设计专业和计算机专业的特点，注重把行业的前沿性和创新性的知识融入教材内容之中。

本书包含了作者数十年教学过程的记录和成果经验，对从事工业设计专业教学的高校老师具有一定的教学参考性。感谢在本书编写过程中督促和鼓励作者的各位亲朋好友！非常感谢为此书提供各种实物制作的学生！

由于作者水平有限，书中难免存在疏漏及不足之处，期望各位同仁和读者能给予更多的反馈意见，以使这本书进一步完善！

王瓅　王鑫
2022年1月
于上海

关于造型训练的考核与评价标准

以笔者所讲授的“设计形态构成”课程为例：课程以考查为主，平时成绩、作业实践及实验成绩相结合。平时成绩占10%，包括课堂出勤和课堂表现（点评互动）；作业实践占75%，包括9个主题训练作业等；实验成绩占15%，包括2个实验作业。

<table>
<tr><th colspan="2">评价方式</th><th colspan="4">评价标准</th><th>成绩比例</th></tr>
<tr><td colspan="2" rowspan="2">平时成绩</td><td>优秀（9~10）</td><td>良好（7~8）</td><td>合格（4~6）</td><td>不合格（0~3）</td><td rowspan="2">10%</td></tr>
<tr><td colspan="4">缺勤达到本课程的三分之一，成绩不合格。课堂表现：准时到课，严格按照时间节点完成布置的训练计划，并能在课堂上积极进行互动和交流</td></tr>
<tr><td rowspan="4">作业实践</td><td rowspan="2">数量</td><td>优秀（8~10）</td><td>良好（6~7）</td><td>合格（3~5）</td><td>不合格（0~2）</td><td rowspan="2">10%</td></tr>
<tr><td>独立完成全部9次作业训练，并能符合作业要求，准确理解题目，表现效果好</td><td>独立完成7次作业，并能符合作业要求，准确理解题目</td><td>至少完成4次作业</td><td>作业实践任务缺失达到三分之一，成绩为不及格。需要重修</td></tr>
<tr><td rowspan="2">表现、制作以及创意</td><td>优秀（60~65）</td><td>良好（50~59）</td><td>合格（20~49）</td><td>不合格（0~19）</td><td rowspan="2">65%</td></tr>
<tr><td>作品制作规范，结构准确，能与设计主题吻合。
重心：造型具备构图组织关系；主体大小适中，物理重心稳。
造型能力：对于动态特点把握得当，结构交代清楚，体现对于形体的理解，注意空间关系，形体比例整体协调。造型具有体感和表现量感。
美感：具有强烈的形式美感，形态组织整体流畅，疏密有致，对于韵律和节奏等造型美因素把握准确。运用的造型手法巧妙多样。体现出材料的美感</td><td>作品制作较规范，结构较准确，能与设计主题吻合。
重心：造型具备构图组织关系；主体大小比较适中，物理重心较稳。
造型能力：对于动态特点把握比较得当，结构交代比较清楚，体现对于形体的理解，注意空间关系，形体比例整体协调。造型具有一定的体感和表现量感。
美感：具有一定的形式美感，形态组织整体比较流畅，对于韵律和节奏等造型美因素把握比较准确。运用的造型手法巧妙熟练。体现出材料的一般美感</td><td>作品制作较规范，结构较准确，能与设计主题吻合。
重心：造型具备构图组织关系；主体大小比较适中，物理重心不稳。
造型能力：对于动态特点把握一般，结构交代比较清楚，形体比例整体感觉一般。造型具有一定的体感和表现量感。
美感：具有一定的形式美感，形态组织整体比较流畅，对于韵律和节奏等造型美因素把握比较准确。运用的造型手法单一。能体现出材料质感</td><td>作品制作不规范，结构不准确，不能与设计主题吻合。
重心：造型不具备构图组织关系；主体大小不适中，物理重心不稳。
造型能力：对于动态特点把握比较得当，结构交代不清楚，体现对于形体的理解一般，形体比例整体协调一般。
美感：具有一定的形式美感，形态组织整体不流畅，对于韵律和节奏等造型美因素把握不熟练。运用的造型手法单一。体现不出材料的美感</td></tr>
</table>

续上表

评价方式		评价标准				成绩比例
		优秀(13~15)	良好(10~12)	合格(6~9)	不合格(0~5)	
实验成绩	作业	独立完成全部2次实验作业，并符合实验作业要求，准确理解题目，表现效果好	独立完成1次实验作业，并符合实验作业要求，准确理解题目，表现效果可	至少完成1次实验作业，准确理解题目	实验作业未完成，成绩为不及格。需要重修	15%

目　　录

第1章　形态造型概述

【学习目标】

立体的形态，尤其是与产品相关的造型设计，与艺术形态是不同的。形态造型不仅有着实用功能，在塑形过程中还有其规律性。立体造型可以分解成多个造型元素，这些造型元素可以按照一定的次序被有意识地组织成一个整体。因为造型特征明显，所以根据材料的属性，我们会强烈感觉到点、线、面、块造型特性。

【学习重点】

在历史造物活动中体会和理解造物观；了解形态造型的分类；了解点、线、面、块基本造型元素的语义和特性；从基本造型元素和身边万物中认识和发现美，塑造具备实用功能和审美意味的形态。

1.1　形态造型与艺术设计

艺术设计是人类社会发展过程中物质功能与精神功能的完美结合，是现代社会发展进程中的必然产物。从人类历史的发展过程来看，早期的设计与艺术活动是融为一体的，是同源的，都是造物文化的分合离散所致，因此它们之间的关系是亲密而不可分割的。“艺术设计”是一个复合词，是将艺术的形式美感应用于与日常生活紧密相关的设计当中，使之不仅具有审美功能，还具有实用功能。

艺术设计与纯艺术的思考方式以及目标都有所不同，这也就造就了各自在形态上有所区别：纯艺术中的主要思想需要通过艺术家对作品形态造型的设计表达出来。纯艺术包括平面、立体、动态等多个方面，艺术家通过比例、大小、色彩等多个方式去塑造作品在不同维度上的变化，让作品能够在视觉感知、听觉感知、嗅觉感知、味觉感知及肤觉感知这五种感知上与受众进行沟通，从而表达自己所要表达的内容，其造型与色彩较为夸张，且视觉充满张力。艺术设计的第一动机不是表达，而是对生活方式的一种创造性的改造，是为了给人类提供一种新的生活可能，在进行艺术设计的过程中更多地要考虑这样一个设计的使用场景以及使用方法，并运用设计师自身对其认识的内在逻辑进行形态造型的推敲，即“艺术是一种天赋，好的设计是一种技巧”。

21 世纪初，艺术的抽象形式，尤其是几何形式直接影响了设计的现代化，而设计的探索又同时影响了艺术形式，二者的合力诞生了机器美学，例如，包豪斯就代表了艺术推动设计、艺术与设计结合的成就。现代建筑是一种艺术形式，工业制成品也是艺术（至少部分是艺术）。不同的设计门类体现着各自不同的艺术特点，不同的美感。比如：20 世纪 50 年代，丹麦的建筑设计师阿诺·雅各布森（Arne Jacobsen）设计的“蚁”椅、“天鹅”椅和“蛋”椅，体现出来的是一种由刻板的功能主义转变成细节的精练和经推敲的整体性与雕塑感。雅各布森以石膏模型的形式,雕刻出了作品的原型(见图 1-1 至图 1-3)。正因为有了这样的技术,才有了这些极具雕塑感的家具作品,经久不衰地影响着一代又一代的设计师,并孕育出现代有机雕塑艺术。

图 1-1 “蚁”椅
(材料:榉树木、钢)

图 1-2 “天鹅”椅
(材料:聚亚安酯、铝、皮)

图 1-3 “蛋”椅
(材料:聚亚安酯、铝、皮)

1.1.1 人类造型活动的起源

大约在 300 万年前,人类已出现在地球上,从而就开始有了人类社会及其历史。造物是指人工性的物态化的劳动产品,是使用一定的材料,为一定的使用目的而制成的物品,它是人类为生存和生活需要而进行的物质生产。人的创造活动的本质特征在于它的目的性、预见性、自觉性和规则性。设计是融合物质文化、智能文化、制度文化和观念文化的综合体,是融合人类创造的物质文化和精神文化为一体的总和,是人类文化的载体。

人与动物的本质区别就在于人能够根据自己的需要而造物。设计是人类的行为,虽然动物中有很多貌似设计的行为,但它们大多出自遗传或模仿,不是出自独立的、主动的创造性思维活动。依据预想的目的,从事自觉的实践活动,是人类与其他动物的最重要分界线。生存的需要促使设计的产生,比如狩猎工具的发明(见图 1-4 至图 1-6)。人类最早的设计工作就是在受威胁的情况下为保护生命安全而开始的;在危急条件下,生存的愿望和能力就会产生出生存设计。这种设计的质量决定了设计者的生与死,因而常常是很成功的设计;当人类最基本的生存需求得到解决时,就会产生更高的需求,这就使得更先进的设计出现。

人类的造型观起源于问题的解决。原始人在采集中对植物成熟状态的判断,主要就是通过植物的形态大小、色彩饱和度进行判断。在采集这些植物时,原始人在对其所使用的石块进行选择时会大量、频繁地使用质地坚硬的各种形状的小石片,这些小石片的形状就会不断地对原始人的视觉神经产生刺激。在进行多次的重复性活动后,原始人对于石器的形状有了相应的认知,从视觉思维上感受到了什么样的石器是被需要的,是能够提高效率的,于是开始尝试自己动手制作。例如,出自非洲坦桑尼亚奥尔杜韦的旧石器时期的石器,出自我国山西省苗城县的西侯度石器(见图 1-4),都是经过选择加工形成的器具。加工过程是先从砾石上打下一块石片,然后再在石片的边缘加工,打成带尖或带刃的器物,这就是人类造型活动的起源。再往后,到了距今 35 000 ~ 10 000 年前,不仅生产工具有了很大的发展,更是出现了以雕塑、泥塑、绘画为主的艺术品,因为其材料质地的不同,其形态造型也比最早的石器等生产工具更为复杂多样(见图 1-5 至图 1-7)。

图 1-4　山西省苗城县西侯度的石器

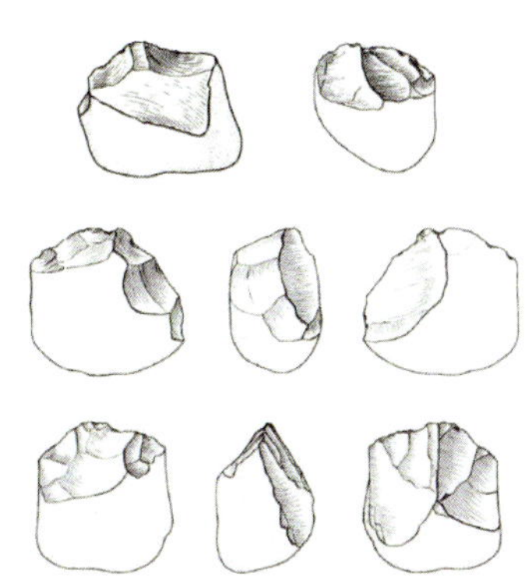

图 1-5　汉中盆地旧石器时代的砍砸器

图 1-6　新石器刮削器与砍砸器

图 1-7　中国北方小石器技术的源流与演变

在漫长的劳动过程中,人类的生理和心理状况得到逐步的改善和提高,石器工具的出现便意味着人类有目的、有意识的设计活动的开始。工具行为推动人类创造能力和思维能力的进步:(1)生存竞争迫使人类锻炼和提高自己的适应能力;(2)与自然界的对抗、斗争使人类逐步创造和使用工具;(3)工具行为(制造—使用)促使人类自我意识和早期思维能力的发展。

1.1.2　传统的艺术设计造型观

人类最早的造型艺术产生于旧石器时代晚期,距今 30 000 ~ 10 000 年。原始艺术包括洞窟壁画、岩画、雕刻、建筑等，分别属于旧石器、中石器和新石器时代。

传统的艺术设计造型观主要是指工业革命前的造型观，主要以手工、小批量生产创作为主体。在这样的生产方式下，传统艺术设计逐渐发展，于是有了模拟自然物象的方法与写实性审美特征、抽象变形方法与装饰性审美特征、综合自然形体的方法与虚幻性审美特征、着重体现造型的意蕴美与韵律美。以徽派建筑为代表，婺源有很多古朴而装饰精美的传统民居。在这一栋一栋的民居中，匠心独运、技术精湛、堪称一绝的砖雕艺术随处可见。即使时光流逝，岁月侵蚀，这些砖雕仍然熠熠生辉、栩栩如生，似乎仍在演绎着当年徽商辉煌的历史。砖雕是静态可观、可摸的三维物体，通过造型和空间形式来反映现实，这是传统观念对砖雕的定义。在婺源民居中，以砖雕、木雕和石雕为代表的装饰构件与建筑融合巧妙，建筑雕刻艺术工艺精湛、气韵生动。婺源民居雕刻始于宋代，至明清达鼎盛，在题材内容、艺术表现上有许多共同之处，因材料质地不同，在技巧手法上各有特点。“三雕”艺术创作源于自然，且以自然为师并加以效法和提炼加工。民间艺人充分利用传统的艺术设计造型观创作出许多杰出的艺术作品（见图1-8至图1-10），中国传统的“天人合一”哲学思想在古民居雕刻中得到了很好的表现和发展。

图1-8 婺源“三雕”作品（一）

图1-9 婺源“三雕”作品（二）

图 1-10　婺源“三雕”作品(三)

1.1.3　产品设计的造型观

人为形态是人类用一定的材料，使用各种工具和机械，按照一定的目的要求而设计制造出的各种形态。如建筑物、汽车、家具、生活用品、机电设备等，人类就生活在由大量的自然形态和人为形态所组成的环境之中。

工业产品的形态就是工业产品的外表面或结构所表现出的形象，也是工业产品得以被察觉的一种方式，因此，不能把工业产品的形态单纯地作为数学或功能性的问题来对待，必须让其站在潜在使用者的角度，以透视的眼光来审视，并与其周围的环境相联系。与传统的雕塑不同，工业产品不能被孤立地看作一件艺术品，除了一般意义上的审美因素外，工业产品形态还能传递某些理性的信息，例如，可靠、复杂、危险、松弛、时髦或高效率等，这些信息中的一部分是以风格或样式的方式传递的，而大部分则有赖于其真实的形状。物体被人感知的程度是因人而异的，但首先能引人注意的总是它的形态，然后才是它的色彩和风格。同样一辆赛车对于一般人来说，引起注意的只是其外形，但对于一位有着丰富驾驶经验的赛车手来说，它则包含着更多的内容，并能从赛车所选择的特定形态中细察出各要素间的相互关系。

在工程上，一座公路桥的设计也同样传递着双重信息：对于一般人，它可被看作一件“艺术品”，一个匀称、优美的范例；而对于一名建筑师来说，这是一个涉及平衡、强度、拉力的问题和实现一定功能作用的材料设计。比如，公路桥的造型设计如果能够同时做到优美和有吸引力，就能在外表和功能上引起人们最适宜的反应(见图 1-11)。因此，一定存在着一种适用于造型过程的心理学基本原理，工程师在开始考虑产品形态时就应该以这一原理为基本出发点并加以有效运用。

图 1-11 舟山西堠门大桥

在人类进化过程中,形态已发展成为起着种种作用的一个确定部分。工业产品的形态是具有一定目的性的人为形态,受到产品的使用功能、内部结构、成型材料、加工工艺、审美观念、社会经济等方面因素的制约。只有充分考虑了这些制约因素之后,所创造出的产品形态才有价值。长期以来,人们都尽量使产品的形态适合自己的要求。总体形态及其组成的各零件形态都是从人们的使用需要为出发点而设计的。比如,功能主导型产品指的是那些以满足人的某种物质功能需求为主的产品,其设计以功能实现为中心,以结构为出发点,并兼具理性,这是典型的功能主义设计风格。这类设计风格目前广泛用于工程机械、医疗设备、工具类、仪器、家具、日用品以及电子产品等领域中。

目前有代表性的功能主义设计风格是新理性风格、极简风格、新锋锐风格等。例如,源于 1955 年的博朗设计理念,经过几十年的发展完善,已被设计大师迪特·拉姆斯(Dieter Rams)总结为产品的设计原则,他认为出色的设计是需要创新的。它既不重复大家熟悉的形式,也不会为了新奇而刻意出新。出色的设计会创造有价值的产品。设计的第一要务是让产品尽可能地实用,不论是产品的主要功能和辅助功能,都有一个特定及明确的用途。出色的设计是具有美学价值的,产品的美感以及营造的魅力体验是产品实用性不可分割的一部分。我们每天使用的产品都会影响着我们的个人环境,也关乎我们的幸福。出色的设计让产品简单明了,让产品功能一目了然。

由此可见,任何一件产品的形态设计都是以其本身的使用功能作为设计的出发点,而不同的使用功能就构成了产品形态的不同基本结构。例如,一只茶壶,其使用功能决定了它的基本结构必须有壶身、壶嘴和把手。那么每一部分各自的形态如何,它们之间的组合方式如何,怎样才能体现壶的最佳使用功能等,都应在产品基本结构已经确定的基础上,进行分析、比较,以确定功能是否合理、使用是否方便、造型是否美观(见图 1-12 和图 1-13)。

图 1-12　彼得·贝伦斯设计的茶壶

图 1-13　布兰德设计的茶壶

在产品基本结构已经确定的基础上,进行结构单元及单元组合方式的形态设计过程称为定量优化过程。定量优化过程是产品形态设计的基本过程。它不仅为产品形态设计提供多种方案,而且还可能促进产品使用功能的改变和扩展。比如,电话机的基本结构是话筒、键盘、传声机构,通过产品结构的定量优化后,产生了台式、挂式、袖珍式等结构和形态各异的电话机造型(见图 1-14 至图 1-16)。

图 1-14　电话造型(一)

图 1-15　电话造型(二)

图 1-16　电话造型(三)

1.1.4　三维基础形态在艺术设计中的重要性

关于“构成”的源流,首先是来自 20 世纪初苏联的构成主义运动。“包豪斯”(Bauhaus)是 20 世纪著名的设计学院,虽然从成立到被迫关闭只有短短的 13 年时间,却培养出了一批在各个设计领域中领先的人才,崭新的设计理论和设计教育思想使包豪斯成为现代设计的发源地。包豪斯的艺术教育家们提出了“艺术与技术相结合”的教育理念。构成教育自 20 世纪 80 年代开始引入我国,成为我国所有艺术院校共用的基础课程。日本的大学不仅把构成教育作为基础课程,而且还将其变为了一门专业。

三维形态的基础训练是一门研究在三维空间中如何将立体造型要素按照一定的原则组合成富于个性的、美的、立体形态的学科。整个三维造型构成的过程是一个分割到组合或组合到分割的过程。任何形态都可以还原到点、线、面,而点、线、面又可以组合成任何形态。探求包括对材料形、色、质等心理效能的探求、对材料强度的探求和对加工工艺等物理效能的探求。在构成理念中,形态与形状有着本质的区别,物体中的某个形状仅是形态的无数面向中的一个面向的外廓,而形态是由无数形状构成的一个综合体。因此,我们在三维造型的训练过程中,还要对实际的空间和形体之间的关系进行研究和探讨。空间的范围决定了人类活动和生存的世界,而空间却又受占据空间的形体的限制,因此要在空间里表述自己的设想,就要创造空间里的形体。

1.2 形态造型的分类

设计活动是综合性的“形”的确立和创造,它不是对某一现存对象的操作,也不是对产品的再装饰和美化,而是从预想建构的开始就是一种创造,是新的“形”的生成。设计师需用形态来表达所设计的思想,用形体来表达一种意境、语义。语义能直接表达出产品的功能和设计的思想,造型是设计的基本任务,“形”是设计的基本语言,造型与造物是密切相连的。任何实在的物都有形的存在,形是可见、可触的。世间一切物质都有形态,而且形态各异,因其形成的原因,可分为自然形态和人为形态两大类。

1.2.1 自然形态

自然形态是自然界中客观存在并自然形成的形态。包括各种生物、非生物及各种自然现象,例如,动物、植物、山川、流水、石头(见图 1-17 至图 1-20)等。此外,还有一些自然界中无人为目的而偶然发生的形态,如碰撞、撕裂、挤压等产生的自然形态。

图 1-17 上海松江区方塔公园五老峰(一)

图 1-18 上海松江区方塔公园五老峰(二)

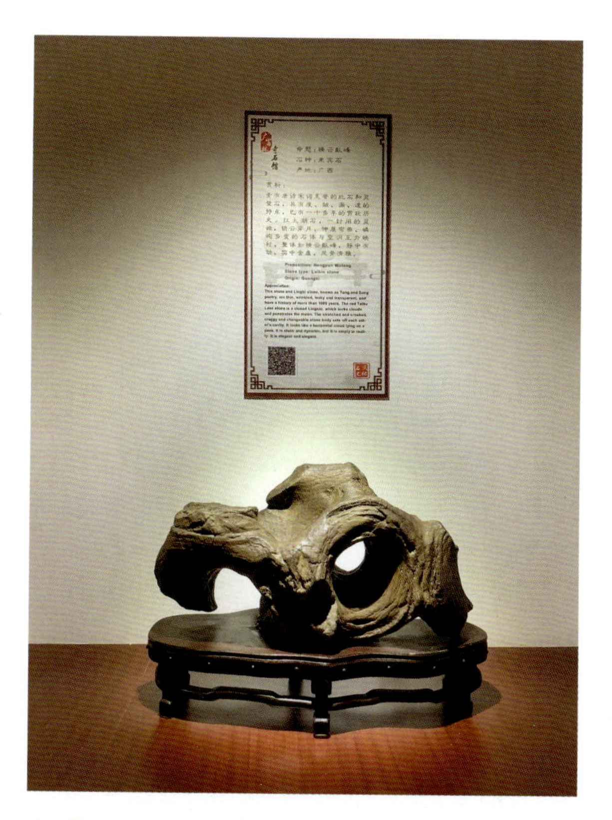

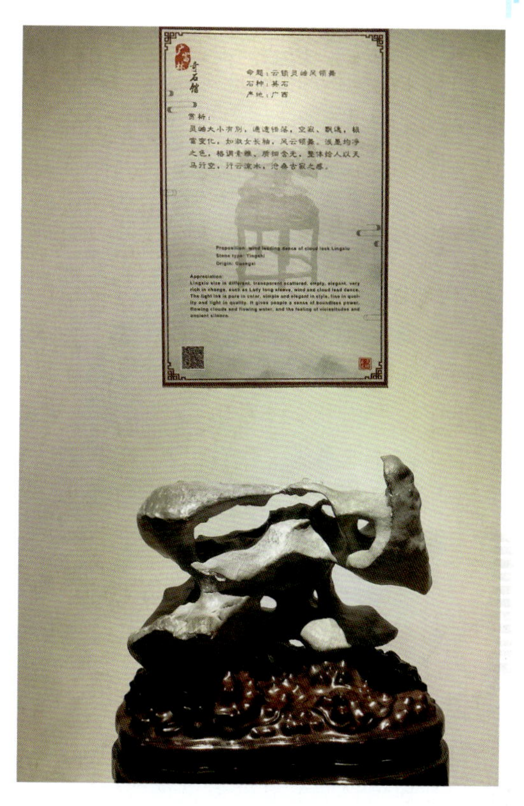

图 1-19　广富林遗址公园奇石博物馆展品(一)　　图 1-20　广富林遗址公园奇石博物馆展品(二)

自然形态表现出来的各种生命力、运动感、力度感和自然感，是创造人为形态的源泉。自然形态又可以分成有机形态与无机形态。有机形态是指可以再生的、有生命力的形态，会给人一种和谐、自然、生长、古朴的印象。无机形态是指相对静止、不具备生长机能的形态。自然形态由于非人的意志可控制，因此具有很强的偶然性和随意性，会带给人们特殊的独一无二的、活泼多变的感觉，但若是处理不当，就会导致整个形态混乱。

1.2.2　人造物形态

任何一种工业产品，其物质功能都是通过一定的形式体现出来的。在审美活动中，形式先于内容作用于视觉，直接引起心理感受，形式不美妨碍内容的表达，也无法使人得到愉悦。研究形式美的法则，是为了提高美的创造能力和对形式变化的敏感性，以利于创造出更多更美的产品。从人类社会产生以来，人类所需的各种用具的形态随着生产力的不断发展而不断改变着。在漫长的应变过程中，人类所创造的产品大致可分为三种形态造型，即原始形态的造型、模仿自然形态的造型和抽象几何形态的造型。

人为形态对现代人的生产、生活至关重要，它不仅满足了人们生产、生活的物质需要，同时，它所表现出来的形式美感，还无时不在影响着人们的感情，陶冶着人们的情操。在人类发展的历史进程中，人们也无时不在追求对具有美感形态的创造。从新石器时代的彩陶到现代陶器，从中国的古代建筑到现代建筑，无不包含具有不同时代特征的美的生活空间。不同时代的人为形态的美的形式与人们的审美观念有关，而人们的审美观念是随着社会和科学技术的发展及人们生活水平的提高而发展的,从而就构成了不同时代人们进行物质生产的不同特点。

1. 原始形态的造型

在人类社会初期,由于生产力低下,加上人类对事物认识的肤浅,其用具的造型只是简单地以达到功能目的为依据,毫无装饰成分,比如,旧石器时代人类主要依靠打制石器来从事生产与生活活动,石器依据其功能和形态特征划分为刮削器、砍砸器、尖状器、石球、手镐、手斧等。

2. 模仿自然形态的造型(仿生)

人们从自然形态中得到启发,从而设计和制造出各种优美的产品形态。模仿自然形态是人类模仿自然界中具有生命力和生长感的形态而进行重新创造的形态。自然界中有许多形态是由于物质本身为了生存、发展与自然力量相抗衡而形成的。人们从中得到启发,进而模仿、创造出更适合于人类自己的形态(见图 1-21 和图 1-22)。如植物的生长、发芽,花朵的含苞、开放,动物的运动所表现出的力量、速度等,都能帮助人们从中得到美的和实用性的启发,从而设计和创造出自然形态更优美、更适用的人为形态。如根据自然界的植物形态而设计的现代装饰灯具、玻璃器皿、瓷器等生活用品;根据鸟类的翅膀而设计的飞机机翼;根据贝类动物能抵住强大水压的曲面壳体而设计的大跨度建筑屋顶;根据鱼类在水中快速游荡的特殊形态而设计的潜艇;根据空气流速特点而设计的现代轿车的车身线型等,无不体现人类的智慧结晶。

在模仿自然形态的造型设计中,造型仍未完全摆脱自然形态的束缚,难免存在物质功能、使用功能与造型形式的矛盾。

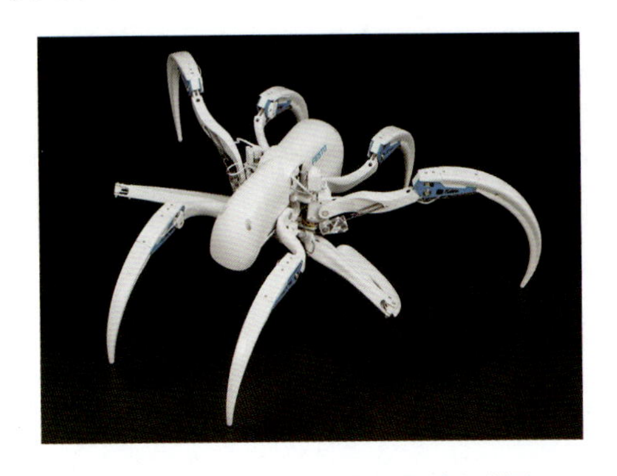

图 1-21　一款可以翻滚的蜘蛛机器人 BionicWheelBot

图 1-22　一款飞狐机器人 BionicFlyingFox

3. 抽象几何形态的造型

抽象几何形态是在基本几何体(如长方体、棱柱体、球体、圆柱体、圆锥体、圆台体等)的基础上进行组合式切割所产生的形体,其形态简洁、明朗、有力,能迅速传达产品的特征和揭示产品的物质功能,其简洁的外形,完全适合现代工业生产的快速、批量、保质的特点。基本几何体结构简单,是一切复杂形体最基本的组成和表现形式,因此由几何形体组成的立体形态具有简洁、明快、准确等特点,组合后的立体形态在整体上易取得统一和协调。几何形态拥有含蓄的、难以用语言准确描述的情感与意义,因而能较好地达到内容与形式的统一。

简单的几何形体给人以抽象的确定美，使人得到理智的、并非纯感情的感受，能对人的情感具有一定的启发。具有一定审美意义的几何形体造型能使思维高度发达的现代人产生无穷的联想（见图 1-23）。

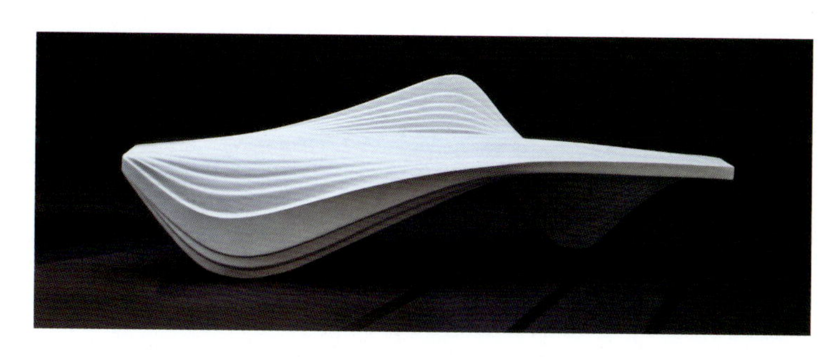

图 1-23　建筑原型设计

抽象形态包括具有数理逻辑的、规整的几何形态和不规整的自由形态。几何形态给人以条理、规整、庄重、调和之感，如平面立体表现出严格、率直、坚硬；曲面立体表现出柔和、富有弹性、圆润、饱满。自由形态是由自由曲线、自由曲面或附加以一定的直线和平面综合而成的形态，具有自由、奔放、流畅的特点。

1.3　形态造型的构成要素

形态是三维空间的立体概念，形态的形成和变化是依靠各种基本要素而构成的。形态的造型要素主要由点、线、面、块构成。造型是将可以相互转化的基本元素和基本形状按一定规律有机地相互作用而产生新的、较有趣的形态。由于各种造型所采用的成形法则不同，因此其表现的特色也不同。在基础训练之初，作为构成要素是要抹掉风格、肌理、色彩和时代性等形象要素，一开始是要纯粹化、抽象化，之后可以结合现实，在设计基础上进行训练，在设计上应根据所创造的形体来灵活地应用，以创造出各种不同的视觉效果。

从字面上看，形态似乎跟平面形象设计的要素相同，但实际上，两者有着很大不同。平面形象设计的要素是抽象的、虚幻的，是可以创作出现实空间中不可能存在的形象；而形态是客观存在的，是可以触摸，并带有一定功能的真实物体。哪怕一粒灰尘、一丝头发或者一个形态的基本元素都可分为概念元素和视觉元素，分别处于主观认识和客观存在之中。

基本要素是一切造型设计的基础。自然万物的形态，不论如何复杂、如何不同，都可以归结为点、线、面、块四种基本的形态。通过对基本形态的组合构成平面与立体的设计表现是基础设计研究的重要课题。

虽然作为设计所涉及的形态都是人为的形态，但是通过对自然形态的观察、分析、研究，可以获得对人为形态创造的启迪。这是因为无论自然形态还是人为形态，都可以分解为形态基本的组合要素，都有其形态生成的根据，而且，这些形态构成的原则、原理又都是相通的。形态的基本要素是有形的，形态的构成原则是无形的。与形态的构成原则相比，形态的基本要素带有基础性，所以，对形态的讨论就必须从形态的基本要素开始。这些造型要素能够传递出什么样的情感意义？是需要在了解点、线、面、块的语义特征前提下才能去设计创作。

1.3.1 点的语义

点通常被认为是概念元素，在实际设计中，它是不可见的形象。点通常被认为是一切形态的基础。在几何学的定义里，点只有位置，没有面积。点在平面上只能提示形象存在的具体位置。“点”作为基本造型元素可以是任何物体、任何形态的抽象体。在自然界，星星是点，雨滴是点，尘埃是点，人相对地球而言也是点。

点立体指的是以点的形态在空间构成的形体。点立体可以是二维的，也可以是具有空间的，即三维的。点虽然只占据极小部分的空间，但却能形成穿透性的深度感，因此极具活泼的变化与韵律效果。点是活泼多变的，具有很强的视觉引导性和汇聚作用，还能表达空间的位置关系。点往往需要借助材料来支撑，所以，在形态创造中，点型和线型、面型、块型相结合形成空间的形态。在产品设计中，点是指那些和整体相比相对细小的造型单元。

康定斯基在《论艺术的精神》一书里指出：“点是最高度简洁的形态，点的积极作用经常出现在另一个纯粹的世界——自然里……其自然形态实际上都是微小的物体，这对于抽象的（几何学的）点的关系与绘画上的点的情况是相同的。反之，当然可以把整个世界视为一个完整的宇宙的构成，这个构成……终究是由无数点组成的。但此时的点是还原到根本状态的几何学点。它仍然不失其各种各样的并且是有规律的、形状的，浮游于几何学存在的点的集团。”由于点的高度抽象和简洁，点在设计造型中应用十分广泛，其表现形式丰富多样，具有很强的视觉引导作用，但是需要数量多并有机组织在一起，才可以使得形态整体具有更强的视觉效果。

1.3.2 线的语义

线型的属性就好像人的骨骼，在形态中起到支撑作用，具有很强的空间感、轻快感、紧张感、较强的表现力。线能够表现出各种方向性和力量感，直线具有上升、下降、倾斜的方向感和生长积极的感觉。在使用线材料时应注意结构与间隙的关系，只有处理好二者的关系，才可以创造出层次感、叠透感和伸展感等（见图 1-24 至图 1-27）。

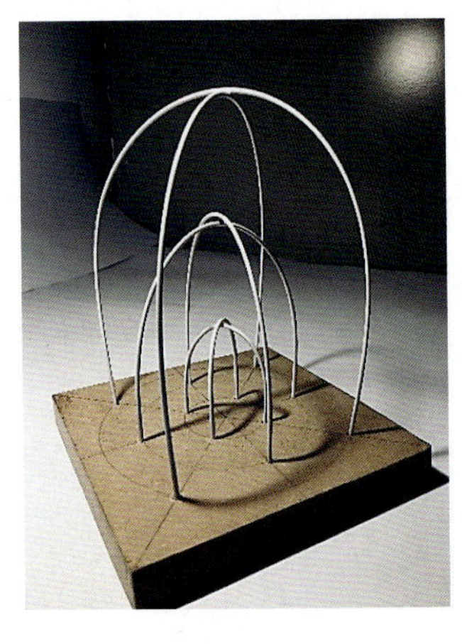

图 1-24　线型造型训练（一）

图 1-25　线型造型训练（二）

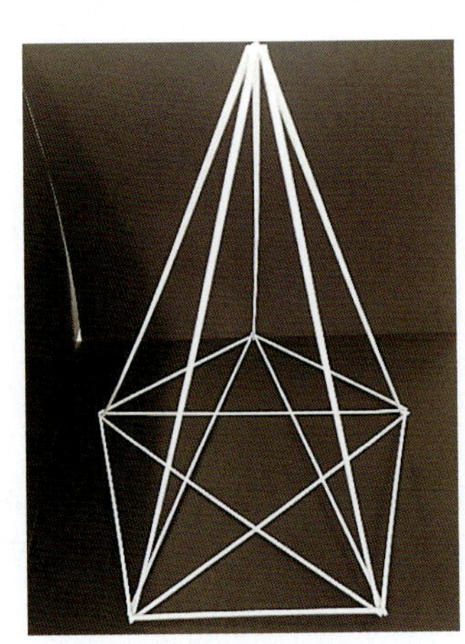

图 1-26　线型造型训练（三）

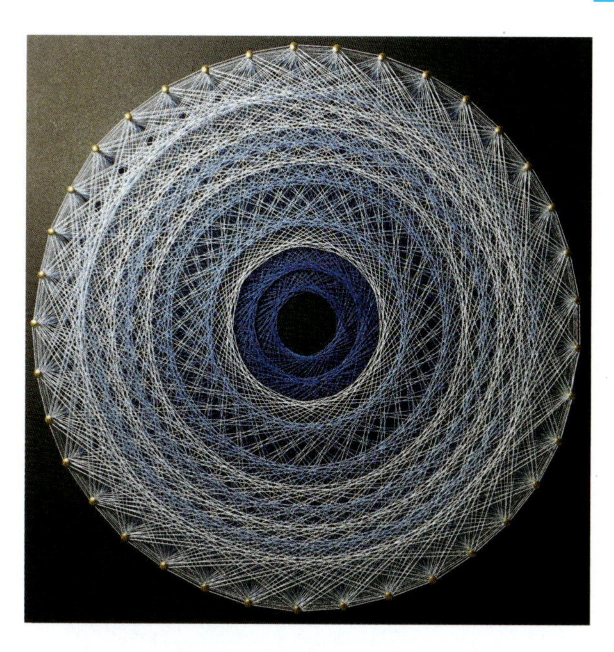

图 1-27　线型造型训练(四)

1.3.3　面的语义

面型的属性就好像人的皮肤,具有延展感,侧面会具有线材的特征。若面材加厚到一定体量,则可以称为板材,若长宽高比达到 1∶1∶1,则就具备了块材的属性。因此面的形态变化会更加丰富多样。

1.3.4　块的语义

块型的属性就好像人的肌肉,具有充实感、重量感,视觉效果强。块也可以称为体,是由面按一定的轨迹移动、叠加,形成具有长度、宽度和深度的属性,并由其共同构成的三维空间。由于立体的形态是以其实体占据空间,因此无论从任何角度都可通过视觉和触觉来感知它的客观存在。

块的主要特性在于体积感和重量感的感受,其中立体的重量感可分为正量感和负量感两种类型。正量感是实体的表现,负量感是虚体的存在。以线形成的立体或由透明的面所形成的立体,所显示的就是负量感,面与面之间所隐藏的部分也是负量感,只有表面封闭的立体所表现的才是正量感。

训练与作业

1. 课题训练

课题题目:具象形态的再创作。

训练内容:选取"花生"作为参考形态。仔细体验花生的形态美感,可以使用雕塑泥、纸黏土、橡皮泥、石膏、树脂等比较容易加工的材料,对所选取的对象——花生,进行抽象形态的造型再创作表达(见图 1-28)。

训练目的：体验具象形态如何向抽象形态转变的过程，使用的是实体材料，以增强动手能力和创意表达能力。

训练要求：

（1）方案 2 个以上即可。

（2）造型尺寸规格不限。造型拍摄 4 张以上不同角度的照片。

训练思路：草图方案绘制⟶选取材料⟶制作⟶总结整理。

图 1-28　3D 打印花生变形

2. 作业欣赏（见图 1-29 至图 1-31）

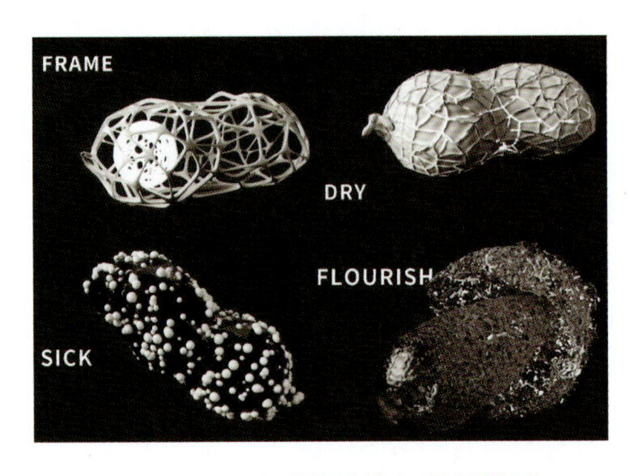

图 1-29　花生形态计算机效果设计

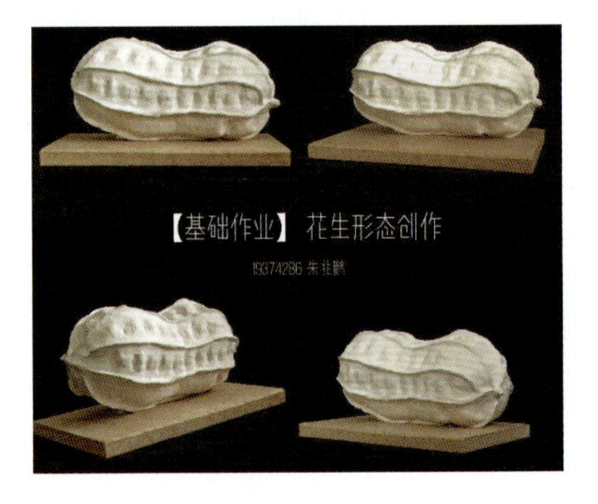

图 1-30　花生黏土制作

图 1-31　花生黏土造型设计

第2章　形态造型的美学

【学习目标】

学会认识形态的本质及形态的美学法则，培养其对形态和空间美的感应力，提高构思创意能力，用形态来表达一种意境、语义，并通过造型的语义特点有效地表达出产品的功能和设计思想。

【学习重点】

感受和分析不同的造型带给人的不同心理作用；发现造型的审美价值和审美要素；探寻形态秩序化的组织方法，体会造型的组织美学。

2.1　造型美学阐述

“美”是千百年来人们孜孜不倦追求的课题，在视觉形式中探讨审美形式，是包括立体构成在内的所有设计学科所共通的。在形态的审美中，只有具备了一定的审美知识，即心理感觉和形式法则，才能在外界形式的刺激下产生审美心理的感觉。美学家克莱夫·贝尔在他的著作《艺术》中指出：“一种艺术品的根本性质是有意味的形式。”其中“意味”就是审美情感。人们评定和鉴赏一件构成作品的优劣，往往习惯以它给人的“美感”来反映。

审美需求是人类在审美过程中的心理活动规律。三维造型不是对某种材料的堆砌，更不是关于某种技法的游戏，它所创造的新的形态，要符合人们一定的审美需求。

在现代产品造型设计中，除了要使产品充分地表现其物质功能特点，反映先进的科学技术水平之外，还要能充分地展示产品的精神功能，给消费者以美的感受。抽象形态是因人类形象思维的高度发展而对自然形态中美的形式进行归纳、提炼而发展形成的，在人类生活中有很多内容绝非具象的自然形态所能充分表现，但却能从抽象的形式中进行表现。例如，各种工业产品的造型能够充分地表现出人的各种情感，表达出均衡与稳定、统一与变化、节奏与韵律、比例与尺度等美学造型原则。

因此，现代产品设计必须在表现功能的前提下，在合理运用物质技术条件的同时，充分地把美学艺术的内容和处理手法融合到整个产品（形态、色彩、人-机关系、装饰等）的设计中，充分利用材料、结构、工艺等来体现产品的形体美、结构美、色彩美和材质美等。

设计的重要因素之一是审美因素。它对传统的“美”的意义进行了扩展和再认识。贡布西里在《秩序感》中说过“装饰的魅力就在于它能在不改变物体的情况下使物体得到改变”。“改变”不应当只是形式上的变化，它的本质是人的物质、精神要求均得到满足。艺术美主要追求一种审美价值，而设计美是一种综合的美，而非单一的美。

徐恒醇也说过：“在创造性生产劳动中所产生的那种具有实用和审美功能相统一的产品所具

有的美就是技术美，它是人类社会创造的第一种美的形式，也是人类物质生活中最基本的审美存在。”定义中指出了技术美的物质性和功能性，并强调了它的审美存在。竹内敏雄则提出了技术产品的美（技术美）是功能与形态、形象的统一的概念，即“技术美就是内容与形式统一的美”。陈望衡提出技术美的构成可分为功能美、结构美、肌理美、材质美以及形式美。

2.2 力感与量感

2.2.1 概念

人的视觉会给知觉带来信息并引起知觉的感应，这种知觉感应不同于逻辑推导，推导是在已有的视觉事物或性质中增加某种东西，他们是在知觉过程中从一个图像已有的形态中诱导出来的一种补充，心理根据先前视觉的经验进行的一种自动的归纳补充。于是，当我们看见一个物体时，根据我们的视觉经验，有些物体感觉很重，有些物体却感觉很轻，有些形态具有强烈的速度感，有些形态却显得异常稳定与平静。美国心理学家曾提出“对于客观世界，表面上看来，不同的自然事物有不同的形状和色彩，不同的艺术有不同的表现形式，但追究起来，还要归结于支配它们或创造它们的力不同”。

力感是立体形态中较难把握的一部分，立体形态的量感、空间感、运动感等均是力感。

量感是对形态本质（物品内力互相运作）的感受，取决于视觉以及心理最终的判断结果。其表现为两个方面，即物理量感和心理量感。当人们看见一个体量大的形体时，一般会产生强壮、结实、厚重的感觉，而体量小的形体一般让人感觉轻巧、秀丽。例如，很多健身人士的肌肉线条与块状肌肉的组合让人看起来结实厚重，而舞蹈家体量较小并且肌肉线条并不突出，让人感到轻巧、柔和，这就是物理量感的直接感受。

心理量感则主要强调心里的感受，而不是对象的实际物理重量，例如，一个形体，其体量大，但其内部结构松弛或材料表达不清，则有可能让人感觉缺乏重量感和结实感，反之，如果一个形体其内力分布均匀、结构严谨，也许体量稍小，则仍可能让人感觉到其力度与重量（见图 2-1 至图 2-6）。

图 2-1 中国台湾著名雕塑家朱铭系列作品——太极系列作品（一）

图 2-2 中国台湾著名雕塑家朱铭系列作品——太极系列作品（二）

图 2-3　中国台湾著名雕塑家朱铭系列作品——太极系列作品(三)

图 2-4　中国台湾著名雕塑家朱铭系列作品——太极系列作品(四)

图 2-5　中国台湾著名雕塑家朱铭系列作品——太极系列作品(五)

图 2-6　中国台湾著名雕塑家朱铭系列作品——太极系列作品(六)

2.2.2　类型与语义

三维造型中的力感与量感，主要指的是心理感受，例如，重量感、轻量感、内实感、内空感等，这反映了形态中所包含的内力变化。人们将形态内力的变化感受为生命活力，这是人们在长久的生活中产生的视觉经验，所以给形态注入生命活力就成了创造心理量的关键，其主要方法有创造反抗感、创造生长感和创造速度感等。

2.2.3　表现方式与应用

反抗感指的是物体在受到外力时给人的一种感觉。当物体受到外力(或拉或压等外力)时，会产生不同程度的形变，我们的视觉通过物体不同方向的形变程度能够感觉到形态当中的内力：具有凹形线的形态给人以挤压、紧缩的结实感；具有凸形线的形态给人以膨胀、突围的扩张感。

生长感是表现生长的规律，生长是生命力的重要表现形式，生物的种类繁多，生长的形式也多种多样，但是它们都会受到各种力量的限制，其不能无止境地生长。于是在万物与大自然进行对抗的过程中逐渐形成了一些较为常见的形态，例如，竹笋(见图 2-7)、大树、羚羊角等。生长感与自然的力量进行对抗，导致越是生长末端其分支与造型越是细小，这就是一种比较常见的生长感。我们将其用在一些建筑上，这样就不会显得突兀并且比较有活力，很多建筑都运用这样的手法让人造物与背景、环境进行衔接(见图 2-8)。

速度感也是生命力重要的表现形式之一，不同的速度所体现出的生机是不同的。当一个形体在短时间内受到极大的力之后会产生加速度，从而在未来的一段时间内产生速度。于是形态的速度感多靠造型的夸张程度以及方向进行塑造，速度快的形态，例如，汽车、飞机等交通工具，其造型的设计夸张程度比较大，其片面结构表现的造型在表达高速的同时体现了强大的生命力（见图2-9）。

图2-7　竹笋

图2-8　南京紫峰大厦

图2-9　速度感强烈的汽车造型

2.3 空　间　感

2.3.1 概念

空间与形体互为表现，空间先于形体存在，无论形体存在与否，空间都存在，但形体决定空间的性质，形体没有被创造之前，空间为一片空白，其本身没有什么意义。形体出现之后，形体就占据了部分空间，并且在形体的内部和周围限定了新的空间。当我们的视线接触到事物的形态时,会不自然地被其所构建的空间吸引,空间感就是这样由形体与感觉它的人之间产生的相互关系所形成的,这种关系主要还是根据人的触觉和视觉经验来确定的。空间形态在可见性上并不如形态的可见性强,但是作为一个"型",其在视觉上是可给予肯定与感觉到的。

2.3.2 类型与语义

与前文量感类似,空间也分为物理空间与心理空间两种形式。物理空间是指实际物体所占有的空间大小,通过物体的长宽高进行表达,其物理空间能够以测量数据进行描述,故而也称为实空间。

心理空间是指没有明确边界,没有明确的测量指标却可以感受得到的空间。它由造型的形态所限定,其本质是实体向周围的扩张,这种空间的扩张感主要来自于实体内部不同的力互相作用而产生的形态,这种内力的运动并不是到表面就停止了,内力的运动趋势会随着形态表面进一步扩张,从而形成视觉的延伸空间、想象空间(见图2-10和图2-11)。

图2-10 漳州君樾西湖样板房设计(一)

图2-11 漳州君樾西湖样板房设计(二)

2.3.3 表现方式与应用

1. 空间中的紧张感

紧张意味着力的扩张，例如，一个空间中有两个以上的形态时，其相互间会产生相互关联并带给人视觉上的紧张感。将两个造型元素进行组合，如果距离太近，则会让人感到堵塞、拥挤甚至失去活力；如果距离过远又会让人感到散乱分离，不是一组整体；采取合适的距离，使人能够感觉到空间形态造型的流畅和通透，使得造型元素以合适的距离在空间中进行和谐组合。这一距离构成了心理和视觉上的紧张感，而不同体量、不同形态的实物能营造出的紧张感是不同的，这一点我们需要用大量的实验和审美经验去进行探索。

2. 空间中的进深感

空间中的进深感是指物体在空间中的前后距离。在平面设计与摄影作品中经常用一些技巧增强作品的进深感，这样会使作品在平面空间中变得更加立体、真实、透视感强。在空间中，运用构建层次、透视、错视觉等方法，可使得空间具有进深感。构建层次即在空间中人的视线方向添加一些遮挡物，而物体的互相遮挡是通过视觉判断物体远近的一个重要手段，如果一个物体部分掩盖了另一物体，那么前面未被遮挡的物体便被认为近一些，由此增强了空间的进深感；加强透视效果的主要原理就是利用人们眼睛识别物体近大远小的特征，在空间中主动构建出透视线，人为地增进空间的进深感；错视觉主要是通过矛盾空间、阴影和明暗、虚假形体等方式来使眼睛感觉到空间的进深感（见图 2-12）。

图 2-12　空间效果图——合适的空间感至关重要

3. 空间中的流动感

空间不同于实体，实体是固定的、非连续的，但是空间却是连续和无限的。创造空间的流动感可以通过形态的变化进行引导，如利用各种动势或者采用元素的对比、重复、过渡等一系列手法。对于体量较大的建筑来说，空间流动感的设计与安排尤为重要。

2.4 变化与统一的平衡美

2.4.1 概念

统一与变化是各种形式的美的集中概括,在不同的整体造型以及形态中,突出某一形体本身的特性称为变化,而集中形体的共性称为统一。在我们视觉接触到不同的形体时便会对统一与变化有所感受:统一的形体能让人感觉到单纯,整齐划一,但是因为人的心理和视觉都渴望获得新的刺激,所以如果形态只有统一而无变化,就会让人的视觉感到疲惫;变化是能够增加刺激的一种行之有效的方式,能打破单调的过分统一。但若变化过多,其造型之间的差异性过大,则形体造型的逻辑容易混乱,会使人产生琐碎凌乱的感觉。因此,变化与统一在各类设计中相辅相成、相互相生,缺一不可。只有两种规律运用得当,才能呈现具有审美价值的作品。

2.4.2 类型与语义

变化和统一的语义:造型具有理性、条理、和谐、高贵、纯净、典雅、秩序和规律性等特点。例如,博朗产品造型设计(见图2-13至图2-15)。

图2-13 博朗剃须刀系列产品(一)

图2-14 博朗剃须刀系列产品(二)

图2-15 博朗剃须刀系列产品(三)

2.4.3 表现方式与应用

在立体构成中,我们用点、线、面、块元素进行造型,元素的疏密、大小、虚实以及位置关系的变化,都能营造出我们所想要的感觉。在运用变化与统一的法则中,变化是全方位的变化,不局限于某一个方面,而是体现在体量、位置、色彩、动态、面积、虚实等多个方面。

2.5 比例与尺度的均衡美

2.5.1 概念

比例源于数学上的定义,而在三维形态中指的是形体局部与整体、局部与局部的比例。形体的比例在视觉上是能够被认识和感知到的,我们在识别很多事物的初始状态时都是先从比例入手,例如,不同年龄阶段儿童与成人的人体比例不同,不同动物的头身比例也不同。而工业产品的造型是否优美,常常也以比例为标准。

比例的美感一直被人所知,学者们曾从几何学、哲学的角度来研究比例法则,等差数列比、等比数列比、根号数列比以及被认为最美比例的黄金比例等都能够为造型设计提供有力的支撑。比例具有较为严谨的科学性,给人严谨、理性、有秩序的感受。

尺度是度量单位,如千米、米、分米、厘米等,是对形体形态产生影响的度量,在量上反应形体与其构成要素的大小。尺度与比例有着有机的相关性,根据尺度和比例,一个形体的大致形态就能够描述出来。每种形态有着自身的比例与尺度,人们从物理上、生理上接受和认识不同的形体都会产生心理上的反应,只要其体现出尺度、比例的合理,人们就会产生心理上的愉悦。反之一旦某种形体的尺度与比例与实际应有的尺度比例不符,人们就会迷惑不解,从而无法进行下一步的视觉识别,更谈不上接纳,例如,博朗的电熨斗熨烫系统,它遵循人体工程学的设计原理,在设计上利用流线的形状,方便实用,底部受到滑雪板的启发,采用平滑的设计(见图 2-16至图 2-19)。

图 2-16 博朗蒸汽电熨斗系列产品

图2-17　博朗 CareStyle 7 熨烫系列(一)

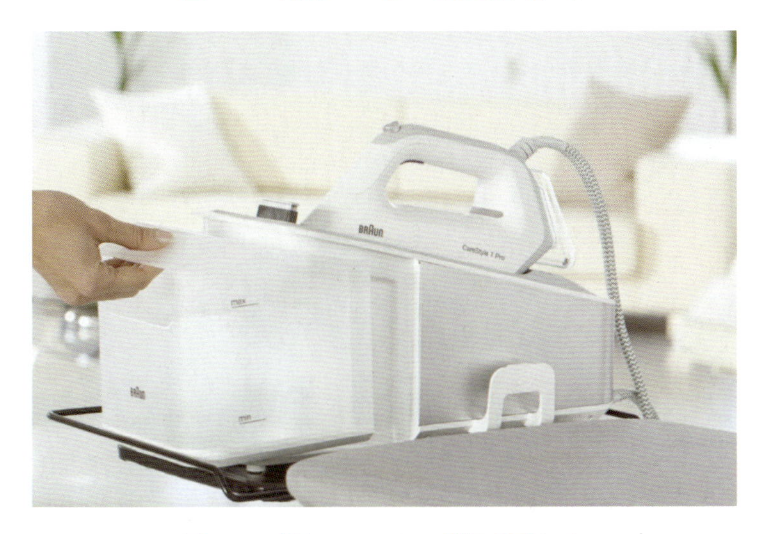

图2-18　博朗 CareStyle 7 熨烫系列(二)

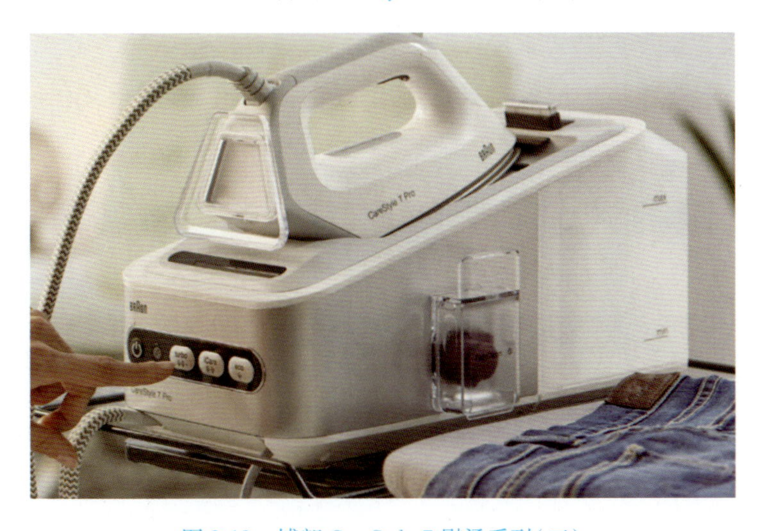

图2-19　博朗 CareStyle 7 熨烫系列(三)

2.5.2 类型与语义

比例与尺度往往不能分开谈论，只有一起描述一个形体时才有意义，比例有很多种类型，这里重点介绍黄金分割比例。黄金分割比例的来源是：一条线段分为两个部分，整条线段 *AB* 与较长部分 *AC* 的比值，与较长部分 *AC* 与较短部分 *BC* 的比值大致为 0.618∶1，这个完美的比例就来源于这条线被分割的过程。

黄金矩形是根据黄金比例产生的一个矩形，其独特之处在于它被分割后，得到的两个图形一个是正方形，一个是较小的黄金矩形，而以正方形边长为半径能够得到一个螺旋线（见图 2-20）。

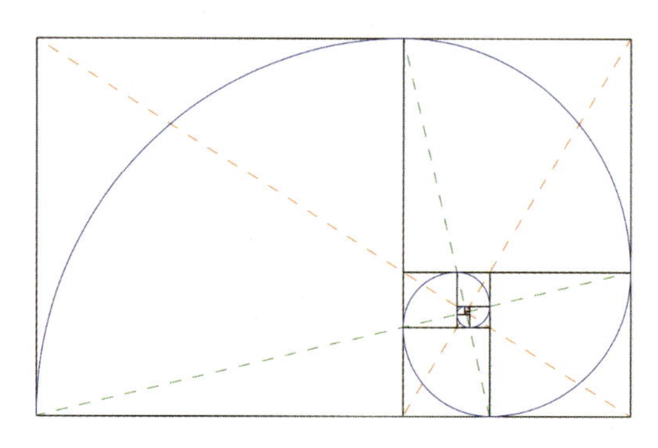

图 2-20　黄金矩形比例图

2.5.3 表现方式与应用

具有完美比例的人体的身高与伸展开的手臂的长度是相等的。人体的身高与伸展开的手臂的长度形成的正方形将人体围住，而手和脚正好落在以肚脐为圆心的圆上，这样的比例看起来就显得美观一些。例如，由黄金分割构成的控制线在勒·柯布西耶的建筑中经常出现，两条斜率分别是 ϕ、$1/\phi$ 的直线贯穿整个建筑的立面构图。例如，勒·柯布西耶设计的加尔修之家（见图 2-21），其立面由黄金矩形构成，6 条平行或垂直于其对角线的直线形成了同样是黄金矩形的洞口。

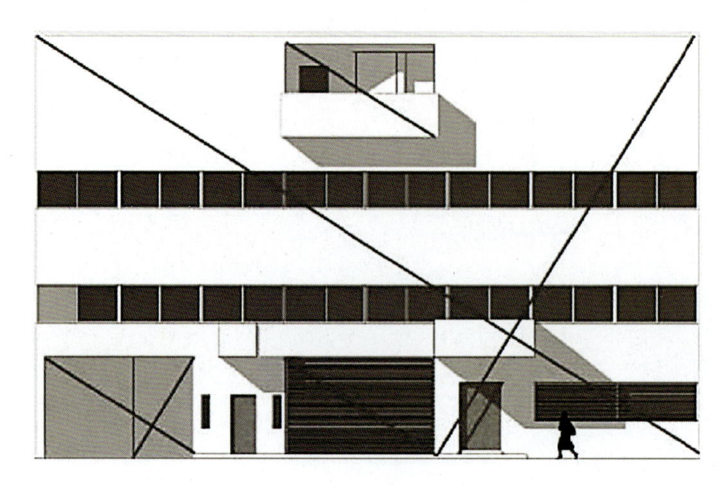

图 2-21　加尔修之家

训练与作业

1. 课题训练

课题题目：形态推导过程训练。

训练内容：在立方体、棱柱、三棱锥、多棱锥、圆环、圆球、圆锥、圆柱等几何形体中选取 4～6 种基本形态，进行变形、分割与组合，推导过程的造型变化尽量不少于 10 个（含部分结构线，辅助线），选取其中一个演变为某种形式的产品原型，并表达出其恰当的材质（见图 2-22 和图 2-23）。

训练目的：掌握形态推导这一有效的造型创造方法，充分发挥想象力，提高形态构想思考能力，明白立体构型在产品造型中的重要性。

训练要求：A3 规格，可以用 80 g 以上复印纸，单面，适当考虑版面的编排和简单说明。

训练思路：基本型 + 变形 + 组合方法 = 新形态。

造型元素—基本型：立方体、棱柱、三棱锥、多棱锥、圆环、圆球、圆锥、圆柱等。

变形方法：切割、弯曲、膨胀、压缩（挤压）、伸展、倾斜、盘绕、方向多维度变化、分裂、破坏、折曲、扭转、旋转等。

组合方法：拼贴、贯穿、叠加、接触、分割移位、排列、堆积、积聚、嵌合等。

在训练过程中需要注意的是不要受到现实中出现过的产品形态的影响，在创作过程中，随机选取元素进行变形加工，先不要考虑造型结果，而是去追求在变形加工推导过程中产生的形态，数量越多越好。之后，再考虑某个新造型可以应用在哪种类型的产品之中，或者添加功能点，从而产生创新产品。重点培养想象力。重点强调：锻炼设计思维，多加强基础手绘表达能力以及塑造形态的能力。

图 2-22　形态推导效果图（一）

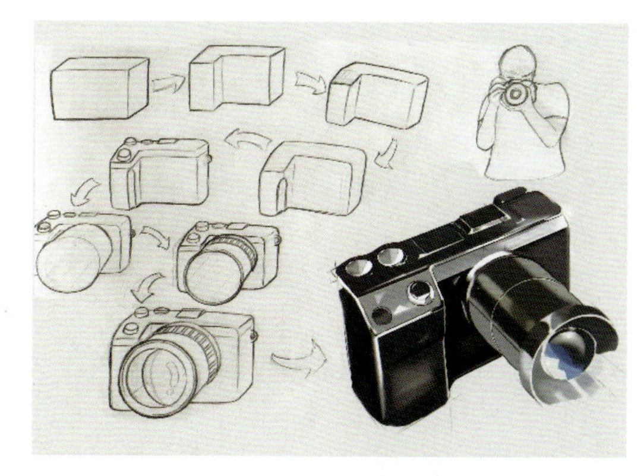

图 2-23　形态推导效果图（二）

2. 作业欣赏（见图 2-24 至图 2-26）

图 2-24 形态推导效果图（三）

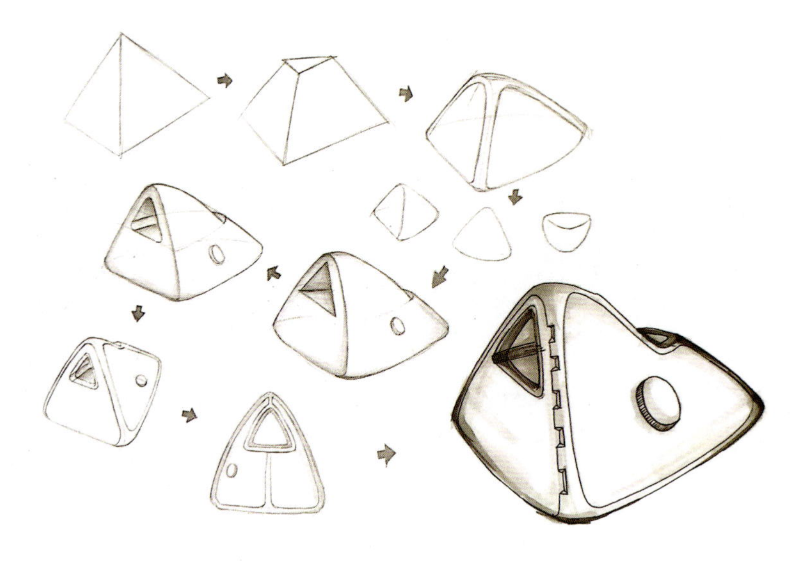

图 2-25 形态推导效果图（四）

图 2-26　形态推导效果图(五)

第3章 形态造型与材料

【学习目标】

本章重点掌握立体形态美的法则；认识和了解材料的类别；认识不同材料在三维空间中的物理属性，以便合理地选择材料进行形态表现；体验不同材料的属性，从而了解材料在设计形态造型中的创新应用。

【学习重点】

对于三维造型具有一定的感性经验和处理技巧，能够在同一形态中，运用不同材质、不同工艺手段表达物体形体的转折、过渡与结尾。掌握材料的肌理感在造型中的运用；熟悉材料的加工方法（增形、减形、变形、美化）。

3.1 材料构成的概念

材料是人类一切生产和生活活动的物质基础，历来是生产力的标志，被看成是人类社会进步的里程碑。对材料的认识和利用的能力，决定着社会的形态和人类生活的质量，所以人类一直都在追求更好的材料，让材料具有更优异的性质或前所未有的功能，以此来满足人类世世代代发展中层出不穷的、新的需要和追求。对材料进行体验的目的是去感知各种材料能够产生的心理差异，因材施用。

人和动物的本质区别是人可以利用工具从事生产、生活，积累经验，创造财富，进而制造更先进的工具。在制造工具时，材料是必需的，然而，不是所有的物质都能用于制造工具。因此材料指的是具有一定性能，可以用来制作器件、构件、工具、装置等物品的物质。简单地说，材料是人类可用来制造有用器件的物质。

陶器的出现是人类跨入新石器时代的重要标志之一。陶器可以说是人类创造的第一个无机非金属材料。这个划时代的发明不仅意味着人类所使用材料的变化，更重要的是人类第一次有意识地创造发明了自然界没有的，并且具有全新性能的“新”材料。从此人类能离开大自然的赐予而进入自力创造材料的时代。恩格斯曾论述：人类从低级阶段向文明阶段的发展是从学会制陶开始的。

人类的发展历史也是材料的进化历史，人类的发展历史也是材料的进化历史，由于材料的发展，人类社会的生产力经历了天翻地覆的变化。人类在寻找石器时发现了铜矿石，开采后砸碎筑炉冶炼，制成食器、水器、农器工具与兵器，从此人类步入青铜时代。祖先们利用高温热源冶炼出陨石中的铁，发现将其加热后，会流动，有可塑性，还越敲越强硬，于是，最适合制造工具的材料诞生了。我国最早在商代（约公元前1300年前）已经有应用陨铁的记录。中国东汉的陶匠对陶器加以改善并制造出瓷器。从三国两晋南北朝到唐代，制瓷材料和工艺技术不断发展。瓷器在宋代达到高峰，这时期著名的汝、官、哥、定、钧五大名窑，各领风骚。在古罗马时期，人们把石灰和火山灰搅拌在一起，制出建筑原料“罗马砂浆”，它就是水泥的前身。19世纪后，由于大量工业与民用建筑的兴建，各国竞相开发耐水建筑材料，水泥的兴起就在此时。1824年，英国工匠约瑟夫·阿普丁发明的水泥，水硬性好、强度高、原料丰富、价格便宜，堪称无机非金属材料领域最重大的发明。随着技术的进步，人们发现铁里面碳元素的含量可以影响铁的性质，基于此原理钢诞生了，随后，新的冶金方法不断出现，人类社会从大规模生产钢铁时代，转向高质量生产钢铁时代。

橡胶被称作高分子材料或聚合物材料中的天然材料。大约在11世纪，南美洲人就已使用橡胶球做游戏和做祭祀了。橡胶真正成为一种实用材料，是在美国化学家古德伊尔研究成功硫化工艺之后才实现的。硫化橡胶后来被投入工业中用作轮胎，应用于自行车和汽车，解决了振动和颠簸的问题。进入电气化时代，人们发明了发电机、电动机，同时制造了各种电器仪表，这时就有了永磁材料的需求。发展至今，其应用已经渗透到国民经济和国防的各个方面。从20世纪初的软磁材料、永磁材料和超导材料研究发明开始，功能材料已经崭露头角。德国化学家阿道夫·冯·拜耳首次合成酚醛树脂，这是人类最早实现的工业化的合成树脂，也是合成黏胶剂领域用途最广的品种之一。第一次世界大战期间，冶金学家布雷尔利受雇钻研合金以便改良枪管，意外制作出世界上第一块不锈钢，而后人们将其做成餐具，舌头再也不会因为餐具的味道而受罪了。1935年，美国杜邦公司卡罗塞斯博士等完成了三大合成材料之一的人造纤维——尼龙的发明。尼龙的出现使纺织品的面貌焕然一新。从20世纪初开始，经过50多年的探索，镍基高温合金有了巨大进步。在世界先进航空发动机研制中，高温合金用量已占到发动机总量的40%～60%。随着在硅晶片上印刷复杂电路的技术得到不断发展，以及铁氧体等磁性材料和半导体材料使无线电技术得到飞快进步，从而让人们可以跨时空地“网聊”。钛合金和“最轻金属材料”镁合金的成功研制，促进了航空工业和汽车工业快速发展。SiC、GaN等第三代半导体材料满足了现代电子技术对高温、高压、高频、高功率以及抗辐射等的要求，在众多战略性行业应用中可以降低50%以上的能量损失，最高可以使装备体积减75%以上，对人类科技的发展具有里程碑式意义。石墨烯是目前发现的最薄且最坚硬的新型纳米材料，科学家预言其将“彻底改变21世纪”。除此之外，富勒烯、碳纳米管的陆续发现或将开启电子设备的新时代。

3.1.1　形态造型用材料的基本分类

三维形态造型是物质的，必须由材料完成。广义上的两大类材料一类是自然界的，一类是经过人类加工和提炼的。

1. 根据材料历史发展分类

第一代材料：天然材料；

第二代材料：人类加工而成的材料（金属、玻璃、陶瓷等）；

第三代材料：经化学方法处理而得到的材料（塑料、橡胶树脂）；

第四代材料：复合形成的材料；

第五代材料:智能材料(光导纤维等);

第六代材料:新型材料,包括生物材料、高分子功能材料(纤维增强塑料、碳/碳复合材料、陶瓷基复合材料和金属基复合材料)等。

例如,马赛尔·万德斯(Marcel Wanders)的“绳结”躺椅是根据传统编结工艺,用内装碳化纤维,外裹芳族聚酰胺(aramid)编织套的绳子进行编织,形成柔软的、难以辨认的椅子形态,然后将它浸入双氧基树脂溶液中,经环氧处理后,把它悬挂在一个框架上,扯出八个角以构建椅子形态,再在一个高温房间内烘干,绳子在高温下晾干后变得又坚固又结实。这是由手工和高科技相结合产生的一把几乎像铁一样坚固的椅子(见图 3-1 至图 3-3)。

图 3-1　马赛尔·万德斯和他设计的“绳结”躺椅(一)

图 3-2　马赛尔·万德斯
和他设计的“绳结”躺椅(二)

图 3-3　马赛尔·万德斯
和他设计的“绳结”躺椅(三)

2. 根据自然材料与人工材料分类

泥土、木头、石块等;水泥、石膏、塑料等。

3. 根据有形材料与无形材料分类

石块、金属条、木板等；泥、沙、水泥、石膏粉等。

4. 根据不同物理性能材料分类

弹性材料（钢丝）、塑性材料（黏土）、黏性材料（胶水）。

5. 根据三维形态构成分类

线材、面材、块材、连接材料。

在教学实践中，建议按照三维形态构成的材料来进行训练，使学生能够更好地掌握形态与材料之间的关系。例如，选取工业设计史当中最经典的飞行器造型，简化其特征，在保持原有造型特征限定下，使用线性造型语言、面性造型语言、块性造型语言来进行表现。训练的目的就是根据一个形态，三种结构形式的表现，来体验线、面、块的造型构成语言。这个课题的要求，材料不限，可使用泥、铁丝、铝丝、纸张等材料，造型的尺寸大小不限。具体的思路：首先确定创作的来源，例如，可以从设计师卢吉·科拉尼等经典作品中进行造型的选取；下一步进行草图绘制，造型线提取；之后，根据线、面、块的造型语言选取材料，结合原型进行制作，并用相应的手工制作技法表现，从中掌握制作技能。可先用某一种材料构成一个立体形态，等满意后，再置换成其他的材料来表现；最后，调整细节内容（见图3-4至图3-6）。

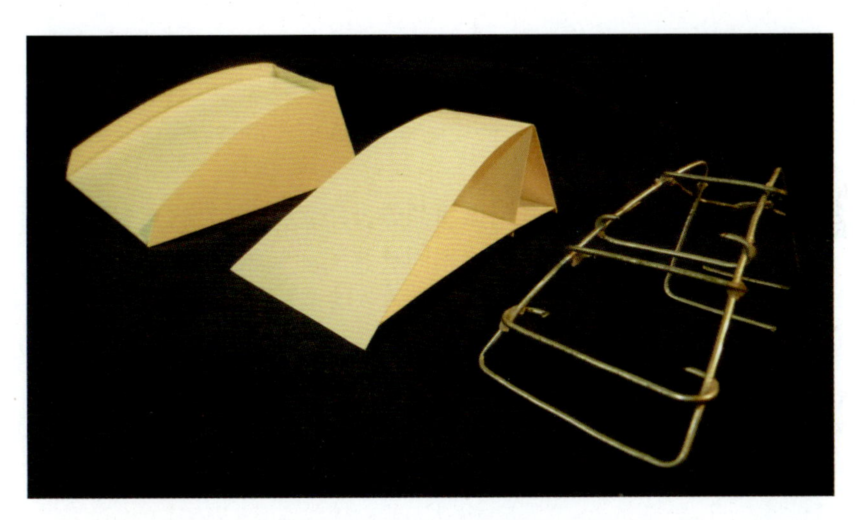

图3-4　线、面、块的造型作品（一）

图3-5　线、面、块的造型作品（二）

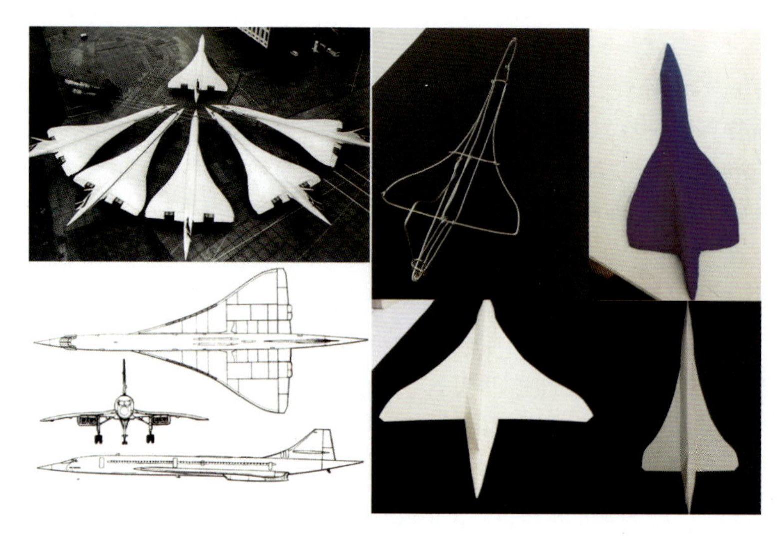

图 3-6 协和飞机造型的训练

3.1.2 形态造型用材料的基本特性

材料的成型方法可以分为两类，各具有不同的审美感受。第一，塑形（包括弯曲、冲压、切削、堆加、注塑、充填），给人以活泼、亲切而自然的感受；第二，组合（包括熔接、滑接、黏结、联接件），使人感到整齐、协调，容易表现出各种韵律。

造型材料应具有的特性是感觉物性、环境耐候性、加工成型性以及表面工艺性。

1. 感觉物性

感觉物性是指人的感觉器官对材料所做出的综合印象，包括人的感觉系统对因材料所给与的生理刺激作出的反应。人们应合理运用不同材料的感觉物性以赋予产品造型新的特色。例如，木材具有温暖感，利用木材的天然纹理和芳香气味制作家具会给人舒适美好和自然的感觉；天然大理石、花岗岩、麻石具有美观、光洁的特点，给人以稳重、雄伟、庄严的感觉，可多用于高中档建筑、名胜古迹的修复、地铁和园林等公共场所建设；灰黑色的钢铁表面给人以单调沉闷之感，但经过化学处理得到的彩色不锈钢在保持金属光泽下却具有色彩鲜艳、柔和之感，可直接用于仪器仪表、家用电器及精密机械的制造，外观效果丰富。

2. 环境耐候性

环境耐候性是指所选用材料对环境条件和自然因素的变化，以及对周围介质可能的破坏作用的耐受和抵抗能力，这种能力越强越好。影响耐候性的常见因素有物理因素和化学因素。物理因素包括日、风、雨、潮、高温、冰冻等，化学因素包括酸、碱、腐蚀性微量元素等。

3. 加工成型性

加工成型性是指材料通过加工而获得所需产品形状的难易程度。容易加工和成型的材料是造型设计的最佳选材，也是衡量选材好坏的重要因素之一。不同材料的加工成型方法不同：

（1）金属：加工工艺性能优良，具有切削加工性（车、钻、锤、磨、铣、刨等）；热加工成型（铸造、锤锻、轧制、拉拔、挤压等）。

（2）木材：一种优良的造型材料，用途极广，可切削加工（锯、刨、打孔、组合等），可压制成型。

(3)塑料:可塑性极好,可以在较低温度条件下加工成型(注射、挤压、模压、浇铸、缠绕、烧结、真空成型、吹塑等);二次加工工艺成型(以塑料的板、片、模、管及模制品为原料,经过机械加工、热成型、接合、表面装饰等)。

4. 表面工艺性

表面工艺性是指造型产品表面能够从防止物理和化学损坏,提高和改善材料表面的装饰效果出发,而进行再加工的性能。比如:针对 3C[计算机(Computer)、通信电子产品(Communication electronic products)和消费电子产品(Consumer electrontc products)的缩略语]类产品表面工艺的制定,通常先从感观体验(视觉或触觉)出发,将工艺分类。例如,酷炫的:电镀、金属拉丝、高光、镜面、菱形面等;质感的:哑光、细纹理、粗纹理、皮纹、木纹、其他自然纹理;装饰的:丝印、喷涂、水转印,将创意图案或文化元素融入产品;功能的:比如表面做蚀纹处理可以耐刮花、防滑,比如手持类的产品需要考虑使用具有功能性的表面工艺。

因此,设计师需要合理运用材料的特性和加工方法,使材料符合结构在视觉上的审美需要。通过加工后的材料不仅在材料的尺度、表面的特性上有利于设计形态的突现,也从视觉上完成了美学意义上的创造。例如,阿米内什(Ammunition)这是一家位于美国旧金山的设计公司,由前苹果工业设计总监罗伯特·布伦纳(Robert Brunner)所创立。锤子 T1 手机、节拍(Beats)耳机(见图 3-7)、宝丽来 C3 相机和巴诺书店的 Nook 阅读器等都是他们设计的。

图 3-7　节拍(Beats)耳机造型设计

3.1.3　高科技新材料的影响

21 世纪以来,新材料支撑重大应用示范工程的作用日益显现,为我国能源、资源环境、信息领域的发展提供了重要的技术支持。我国的新材料产业区域特色逐步显现,区域集聚态势明显,初步形成"东部沿海集聚,中西部特色发展"的空间格局。长三角已形成包括航空航天、新能源、电子信息、新型化工等领域的新材料产业集群。珠三角新材料产业集中度高,已形成较为完整的产业链,在膜材料、硅材料、高技术陶瓷等新材料领域取得显著成效。

目前,全球新材料行业趋于绿色低碳化,"新材料 + 绿色经济"与环境的兼容性也日趋增强,以期形成绿色可持续发展之态势。材料的生态环境化是材料及其产业在资源和环境问题制约下,满足经济可承受性,实现可持续发展的必然选择。生态环境材料的性能优异并具有节省资源、减少污染、可再生利用,能实现资源、材料有机统一和优化配置,达到资源高度综合利用,以获得最大资源效益和环境效益的优点。目前,新材料产业正向着多样化、功能集成、结构微型、模块集成、数字智能等方向发展。

以3D打印技术为例,它是以计算机三维设计模型为蓝本,利用激光束、热熔喷嘴等方式将金属粉末、陶瓷粉末、塑料、细胞组织等特殊材料进行逐层堆积黏结,最终叠加成型,制造出实体产品。3D打印技术已经进入我们的生活中,例如,耐克公司设计的蒸汽激光爪靴(Vapor Laser Talon Boot 3D),这双3D打印足球鞋的基板采用了选择性激光烧结技术,通过一个大功率激光器有选择地将保险丝塑料性颗粒烧结而成。该技术能使鞋子减轻自身重量并缩短了制作过程,据说整双下来只有150多克重(见图3-8和图3-9)。这种3D打印技术的运用能使鞋的产品结构与造型的设计不再完全受到传统制造工艺束缚,使设计创意表达更为自由,从而催生出大量独立设计师及设计品牌,使得设计越来越社会化;3D打印技术推动的设计的社会化趋势将会打破以往设计组织僵硬的结构划分,使设计不仅更好地满足消费者的个性需求,而且还能让消费者获得为自己设计、生产产品的权力,搭建出社会、商业、文化、大众未来生活方式等多重价值的系统创新架构——社会化设计网络服务平台。

图3-8 蒸汽激光爪靴(一)

图3-9 蒸汽激光爪靴(二)

3.2 材料肌理的应用

材料视觉上或触觉上的美学意义,很大程度上与审美理念有关。设计师们可以利用材料的表面肌理和材料表面的色彩制作来表达材料在视觉和触觉上的美学意义。在材料的感觉特性上，有时可以用适当的描述语言来表达：某些材料有高雅低俗之分，温暖与凉爽之分，活泼与呆板之分，轻巧和笨重之分，古典与现代之分，时髦与保守之分，亲切与冷漠之分，感性与理性之分，光滑与粗糙之分。这种感觉是由材料的物理性和化学特性来构成。肌理是指物体组织的表面纹理，是物质表面纹理粗糙或者平滑交错形成的纹理结构。材料的肌理主要分为两种：一种是天然肌理，如不同木头的纹路和粗糙程度不同（见图 3-10 和图 3-11），不同动物所带有的皮毛纹理不同（见图 3-12）。另一种是人工肌理，如进行金属拉丝产生的细密纹理和纺织布的纹理（见图 3-13 和图 3-14）。肌理作为材料的一种表现形式，其体现了不同的材质，在立体造型的设计中是不可忽视的一部分。

图 3-10　檀木的肌理

图 3-11　松木的肌理

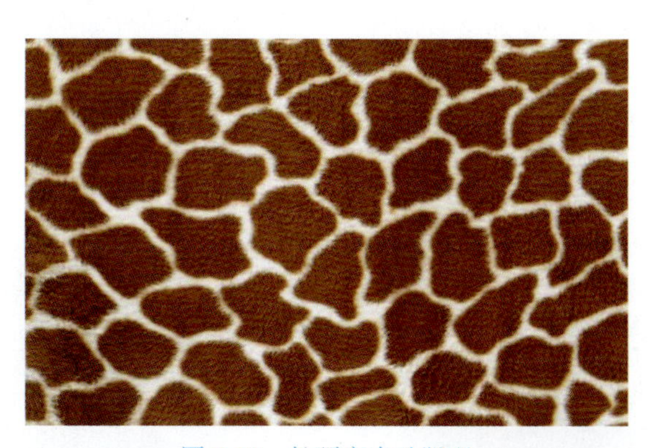
图 3-12　长颈鹿皮毛肌理

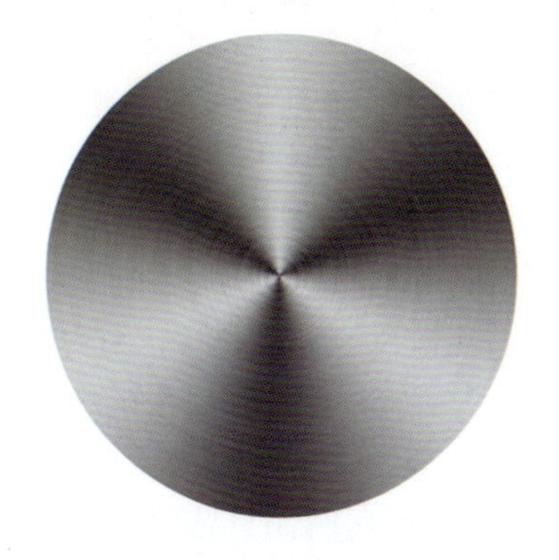
图 3-13　旋钮的金属拉丝肌理效果

图 3-14　纺织布肌理

3.2.1 在产品设计中的应用

在将天然肌理运用于产品设计中的范畴内，木质产品尤为设计师所喜好。木制产品所要着重考虑的一个部分就是木质材料的花纹及色泽，生活中常见的木质材料，如松木（见图3-15）、紫檀木、胡桃木（见图3-16）等，它们的色泽、质地、花纹线条都有着各自不同的特点。因为木材的可操作性强，纹色多样，所以能够生产出不少出众的产品。

图3-15 天然松木的肌理

图3-16 天然胡桃木的肌理

设计大师柳宗理（Sori Yanagi）的作品蝴蝶椅（见图3-17），融合了日本传统工艺的制作品质和美学精神，其使用胶合板加弯来制造家具，不仅结构简单，而且还通过花纹的颜色和深浅给产品增添了美感。彼得贝伦斯擅长使用金属，其为德国通用公司所设计的电水壶（见图3-18），其表面肌理让整个产品看上去更加富有韵律。

图3-17 柳宗理设计的蝴蝶椅

图3-18 彼得贝伦斯为德国通用公司设计的电水壶

3.2.2 在室内设计中的应用

在室内设计中，贝壳粉、实木地板、陶瓷等是较为常规的肌理运用材料，图3-19所示的形态是以贝壳粉作画的室内设计浮雕，其既能吸附甲醛净化空气，又能起到较强的装饰作用；图3-20所示为实木地板，选择实木地板的主要因素就是木材的肌理、颜色、花纹等，图3-21所示为具有复古感受的檀木的肌理；瓷砖作为室内卫生间、厨房等水渍较多房间的首选材料，既能防水又能增添色彩感，强化感官，如以马赛克构成肌理图案的面墙等（见图3-22）。在法国巴黎，皮埃尔·查理奥(Pierre Chareau)设计了一个叫作“玻璃之家”的建筑，是早期现代主义的代表作，其用大小、形状不一的玻璃构成了平面、立体的肌理，给人感觉朦胧又平和(见图3-23)。

图3-19　贝壳粉制作的肌理墙面

图3-20　实木地板的肌理

图3-21　具有复古感受的檀木的肌理

图3-22　马赛克制作的肌理墙面

图3-23　皮埃尔·查理奥(Pierre Chareau)设计的玻璃之家

3.2.3 在景观建筑设计中的应用

安东尼高迪设计的巴洛特公寓的外观运用了一些人工肌理，使这些空间在形态可塑性以及色彩材料上达到一种和谐的平衡（见图3-24和图3-25）。再比如，扎哈的代表作北京望京的SOHO，运用灯光、钢筋等材料构成了大体量的肌理效果来适配其建筑的曲线造型（见图3-26）。

图3-24 巴洛特公寓（一）

图3-25 巴洛特公寓（二）

图3-26 望京SOHO

3.2.4 在服装设计中的应用

以毛线编织的纹理为例：根据线的粗细、材质等因素将其有机地编制在一起，就会出现不同的肌理效果。例如，毛线编织布（见图3-27）、条绒编织布（见图3-28）、亚麻布（见图3-29）等材料因其肌理不同而运用于服装中也有所不同。另外，在服装不同的部位根据不同的需求也会有利用材质进行肌理添加的手法。

图3-27 毛线编织肌理

图3-28 条绒肌理

图3-29 亚麻布肌理

训练与作业

1. 课题训练

课题题目:材质立方体—20 cm×20 cm空间的创想。

训练内容:将不同的材料,比如木材或者其他材料,设计成20 cm×20 cm的正立方体形态(见图3-30和图3-31)。

训练目的:了解不同材料的组合方式,培养对于材料的质感感受力以及动手制作能力。在一定的尺寸范围内进行制作,了解正方体的结构关系以及不同材料的质感、不同材质的对比、不同材料的搭配。

训练要求:形态尺寸可在20 cm范围内。造型可采用单种材料制作,线、面、块结合都可;也可采用多种材料组合,线型材料、面型材料、块型材料都可;注意搭配的和谐性、美观性以及连接位置关系。

训练思路:草图方案绘制→选取材料→制作→总结整理。

图3-30 正方体材料的拼贴(一)

图3-31 正方体材料的拼贴(二)

2. 作业欣赏(见图 3-32 至图 3-37)

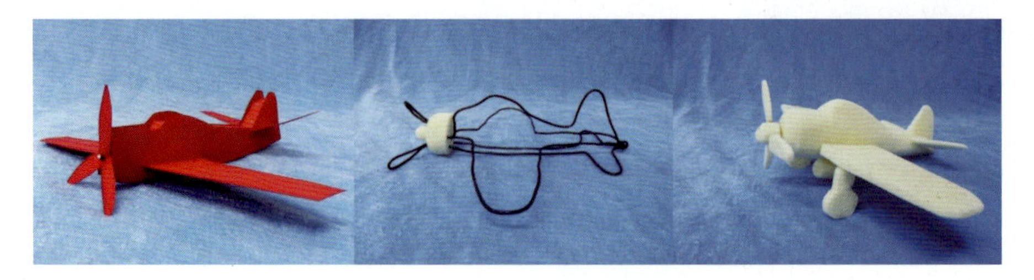

图 3-32 线、面、块的造型设计

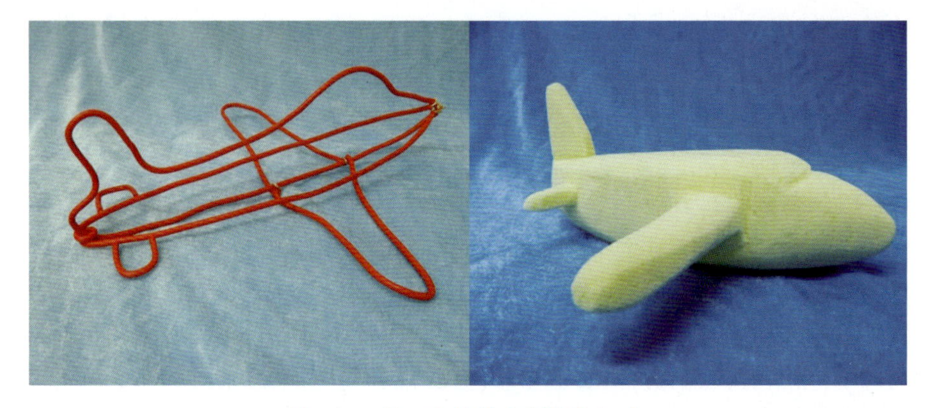

图 3-33 线、面、块的造型作品(三)

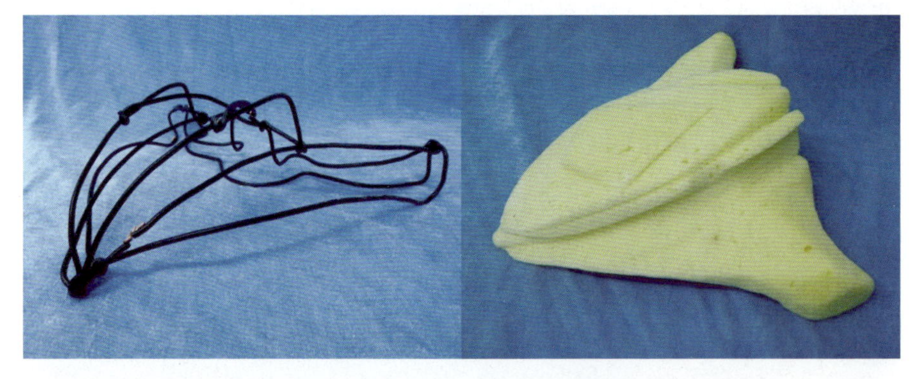

图 3-34 线、面、块的造型作品(四)

图 3-35 线、面、块的造型作品(五)

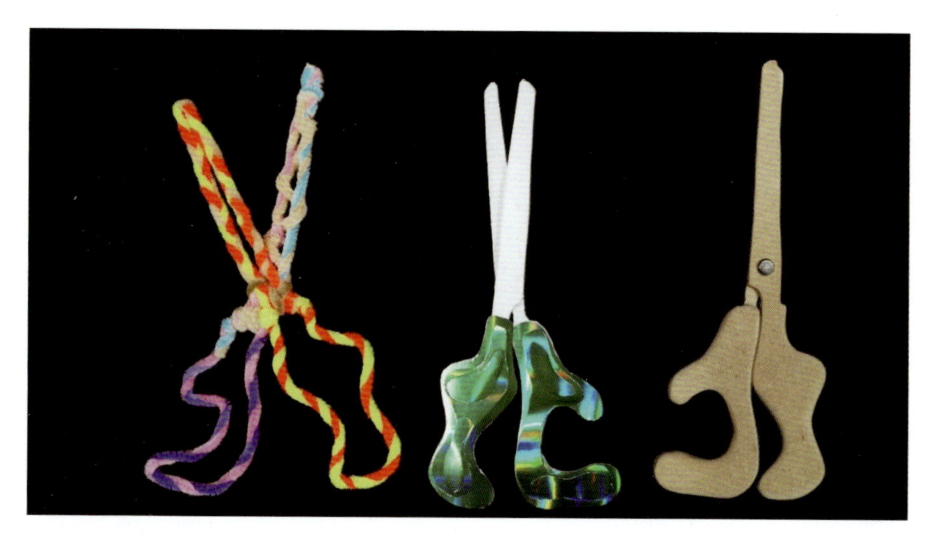

图3-36　线、面、块形态的创作

图3-37　计算机设计的正方体效果图

第4章 三维形态基本要素构成训练

【学习目标】

在本章中，要求重点掌握形态美的法则。掌握三维造型基本元素设计方法，培养三维造型创意能力和实施能力。对于三维造型具有一定感性经验和处理技巧，能够在同一形态中，运用不同材质、不同工艺手段表达物体形体的转折、过渡与结尾。通过线、面、块典型特征的材料进行造型训练，准确表达出材质与工艺的语言，深入理解不同寓意形态组合的一般规律及造型美感。

【学习重点】

认识和理解块形态基本元素的构成，掌握二维半、线材料、面材料、块材料塑造形态的造型基本方法。认识不同类型的材料在三维空间中的造型表现，掌握三维造型基本元素设计方法，培养三维造型创意能力和实施能力。

4.1 二维平面向三维基础形态的过渡

由平面到立体是造型的重要变化，当二度空间发展到三度空间时，三维造型就从单纯的构形转向造物。造物活动指的是使用工具对客观材料做有目的的制作加工而创造真实物体的过程。在纸张上画出飞机跟折叠出一架纸飞机本质上是不同的，前者是构形活动，后者是造物活动。造物必须通过构形才能实现，任何物体的存在都是由具体的形态呈现。

三维造型是二维平面形象进入三维立体空间的构成表现，两者既有联系又有区别。联系是：它们都是一种艺术训练，引导了解造型观念，训练抽象构成能力，培养审美观，接受严格的造型训练；区别是：三维度的实体形态在结构上更符合力学的要求，在材料上，要有丰富的形式语言的表达。三维立体是用厚度来塑造形态，它是由物质制作出来的。三维造型离不开材料、工艺、力学、美学，是艺术与科学相结合的体现。例如，减速带也称减速垄（见图4-1），外表面应有增大附着力的条纹。橡胶减速带具有减震性强，抗压性极好，寿命长，对车磨损小，噪声小等特点，其色彩黄黑相间，效果分明，无需每年再涂漆，因此还具有美观大方、实用性强、耐候性强等特点。

4.1.1 从平面走向立体的训练——二维半造型感性认识

半立体又称二维半或2.5D，它是介于二维与三维之间的一种空间存在，半立体构成即是将平面或不具有显著三维体量感的材料通过加工，使之形成具有半立体效果的造型手段。半立体构成需要根据不同材料的特点、体量、语义等情况，通过折叠、衍卷、切折、层叠、编织、烧熔等加工方法，以组合、概括、简化、夸张的艺术表现，使扁平化的材料构成的结果形成抽象或

图 4-1　交通减速带设计——表面设计带有不同的凸凹功能纹样

具象的浮雕式立体造物。相较于单面材的半立体构成,材料面的半立体形态细节更加丰富,艺术表现空间也更加宽泛。二维半构成,其在二维的基础上延展出一部分半立体的图形,创作过程运用光影、虚实、明暗来对比,使之在视觉上活灵活现、栩栩如生,相较于二维图形,二维半造型会让人们产生更强的视觉冲击力和艺术美感。澳大利亚的张·比安卡(Bianca Chang)是一位年轻的设计师和纸艺术家。受到纸品以及微妙阴影的启发,她开始了手工剪纸雕塑创作,她的作品在画廊和私人展上得到展出,作品是手工绘制再经过手工雕刻完成的。作品采用的纸张为 80 g 的 100% 再生纸,非常环保。她的手工剪纸雕塑呈现出纸品独有的美感,作品硬朗的线条,立体的层次,柔美的光影,造就了作品特别的气质(见图 4-2)。中国跨媒体艺术家、立体水墨创始人朱敬一的创作则充满科技与传统的碰撞,用树脂加热拉丝代替笔墨,营造三维的水墨画意境。《立体的墨》(见图 4-3 至图 4-5)的灵感起源是他想用新材料画出传统国画颜料无法达到的极致的黑。朱敬一尝试用树脂加热拉出的丝线来重新营造一个三维空间中的中国古典绘画意境。在漫长的制作过程中,朱敬一不断在树脂流淌出的偶然型和人工刻意塑形之间寻找一种平衡,经过不懈地努力作品最后呈现出一种空灵的人工与天然微妙结合的质感,并且巧妙地运用了树脂这种材料的可塑性和延展性,让传统意义的水墨画从纸面站立起来,给观者提供了多元化多角度审视传统山水的可能。还有加拿大纸雕艺术家卡尔文·尼科尔斯(Calvin Nicholls)的作品(见图 4-6 至图 4-8),卡尔文·尼科尔斯使用纯棉纸材,这种厚重、有质感、带传统工艺造纸纹理,并拥有历久不泛黄、不褪色特质的纸材,让他以白色为主的作品得以常保冬季景致感受,他使用刀等工具精确地雕刻出动物精细的羽毛或皮毛,再使用少量胶水固定,成就出毛绒丰满的绝佳视觉效果。日本山下工美(Kumi Yamashita)的作品(见图 4-9),巧妙地利用纸张和投影的关系,营造出虚实的空间意境。2009 年她创作的作品《碎片》,据说每一张纸片映衬出的影子,都是山下工美在美国新墨西哥州旅途中结识的朋友。她的作品曾用同一材料或多种材料的多元群化组合创作出许多经典风格。

图 4-2 澳大利亚设计师张·比安卡的二维半纸雕作品

图 4-3 朱敬一立体水墨系列作品(一)

图 4-4 朱敬一立体水墨系列作品(二)

图 4-5 朱敬一立体水墨系列作品(三)

图 4-6 加拿大纸雕艺术家卡尔文 · 尼科尔斯的作品(一)

图 4-7 加拿大纸雕艺术家卡尔文 · 尼科尔斯的作品(二)

图 4-8 加拿大纸雕艺术家卡尔文 · 尼科尔斯的作品(三)

图 4-9 日本山下工美的作品

4.1.2 有趣的纸艺术

一张纸从二维向三维的转变正是研究其在有限空间中的无限可能，在设计中需要最大程度的发挥想象力，从各个角度去探索新的形态，创造新的可能。这个过程有助于提高设计者的创造力和积累设计经验。“从二维空间到三维空间的训练”能够改变我们常规的二维思维习惯，帮助我们逐渐向三维造型思维过渡。

折纸是大多数人的童年记忆，在我们手中一张小纸片可以折成千纸鹤、纸船、钢琴、皮球、纸飞机等。这些最普通的纸张在艺术家手中玩出叹为观止的花样。美国艺术家马修·什利安(Matthew Shlian)是一位纸张工程师，平日从事印刷媒材和书籍艺术方面的研究，善于在折纸过程中运用大量数学计算得出最完美的折叠角度和镶嵌方式。部分科学家甚至认为，他在纸质雕塑中的折叠形式与“微观环境下纳米级领域的折叠结构”存在某种逻辑相似性。马修·什利安对结构有着敏锐天赋，他能够运用巧妙的折纸技艺和复杂的镶嵌手法，使作品呈现出几何浅浮雕效果。在以往的作品中，马修·什利安总是以黑白两色呈现作品的韵律美和动态美(见图 4-10 至图 4-11)；但在最新系列中，他终于为自己的作品注入颜色，不仅囊括冷暖色调，还加入水彩效果，甚至为光滑的纸张表面增加了纹理等变化，通过细微的色调变化突出了每种形状的美感，使作品的视觉效果更加丰富（见图 4-12 至图 4-18）。

图 4-10　马修·什利安纸雕艺术作品（一）

图 4-11　马修·什利安纸雕艺术作品（二）

图 4-12　马修·什利安纸雕艺术作品（三）

图 4-13　马修·什利安纸雕艺术作品（四）

图 4-14　马修·什利安纸雕艺术作品（五）

图 4-15　马修·什利安纸雕艺术作品（六）

图 4-16　马修・什利安纸雕艺术作品(七)

图 4-17　马修・什利安纸雕艺术作品(八)

图 4-18　马修・什利安纸雕艺术作品(九)

4.1.3　从平面图到三维造型的创新训练

创新训练题目:支撑手机或者平板电脑的平面折叠造型设计。

训练内容:设计一款可以支撑手机或者平板电脑的平面折叠造型设计(见图 4-19)。要使用面的要素,通过折叠、剪切或者镂空等手段使得一个平面具有一定的支撑功能。

训练目的:通过设计具有实用功能的平面造型所获得的体验,体会由平面到立体造型的过渡与不同。

训练要求:材料可以使用 2 mm、3 mm、5 mm 厚度的白色肯特纸,或者在其他厚度、质量为

120 g 以上的卡纸板上进行加工。

训练思路：

(1)收集材料：搜集合适材料，根据需求，计算平面制图尺寸。

(2)方案构思：创意的速写，设计方向确定。

(3)设计过程：通过数次的草案发散；根据手机支架造型与功能之间的关系，确定最优方案，选定最终造型的效果图。

(4)展示说明：根据最终造型方案，进行实物的制作和成果展示，并完成 PPT 演示。

(5)成果展示：成果的检验以支架能够支撑起自己的手机或小尺寸平板电脑为准则，手机支架结构合理、美观。

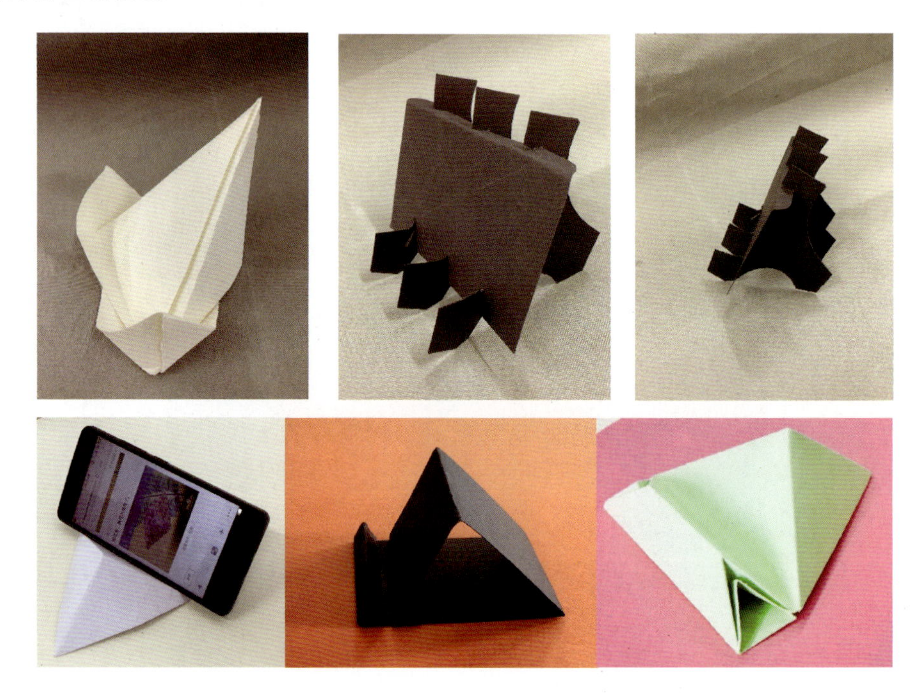

图 4-19　手机支架——课堂快速训练作品

本节训练与作业

1. 课题训练

课题题目：组合性半立体训练。

训练内容：利用一张纸，经过造型构思，运用切割(起码要保留一处相连)、折叠和穿插等变形方法，使之达成浮雕或立体形态效果。要求：新的形态能够还原为原始平面状态。利用平面、曲面、直线、曲线组合构成高低变化的量体，从而形成不同表情的纸浮雕。

训练目的：首先，能够体会纸张的特性，其次，能够掌握多种加工纸的技法，还要根据环境的光影变化，把握造型的阴影和平面的韵律感，此外，还能够从平面思维顺利地过渡到立体思维。

训练要求：裁剪出边长为 5 cm 或者 15 cm 的正方形纸张，进行二维半形态塑造(见图 4-20

至图 4-23）。

图 4-20　重复造型九宫格排列——二维半组合训练(一)

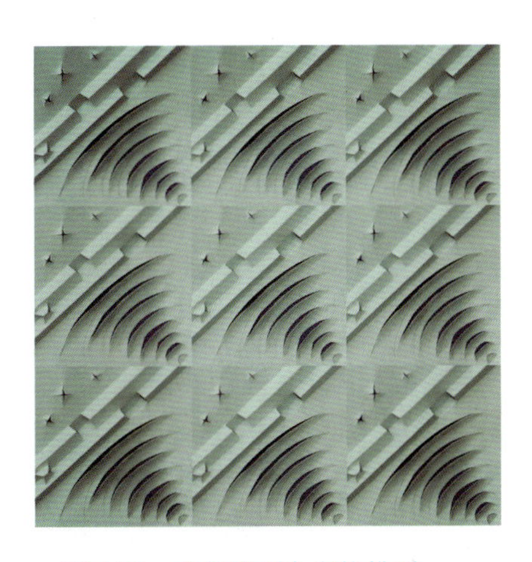

图 4-21　重复造型九宫格排列——二维半组合训练(二)

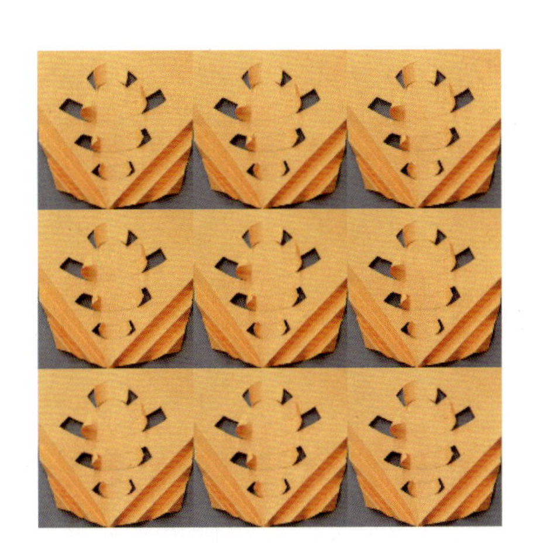

图 4-22　重复造型九宫格排列——二维半组合训练(三)

图 4-23　重复造型九宫格排列——二维半组合训练(四)

第一种:一共九个造型,三个为一列,按九宫格方式排列,每个造型可不相同。体现面的一切一折、一切多折、多切多折的技法。

第二种:一共九个造型,可以按照重复或者近似手法进行构思,注意造型之间的连续性和关联性,注意排列后的整体感受,技法不限。

训练思路:

(1)草图构思:选取合适克数的正方形纸张,进行形态塑造。

(2)加工制作:利用多种加工的技法进行造型设计,例如,切割、折叠、弯曲等。可采用一切一折、一切多折、多切多折的技法。

(3)方案调整:注意单个造型和连续造型的整体效果。

2. 作业欣赏(见图 4-24 至图 4-30)

图 4-24 重复造型九宫格排列——二维半组合训练(五)

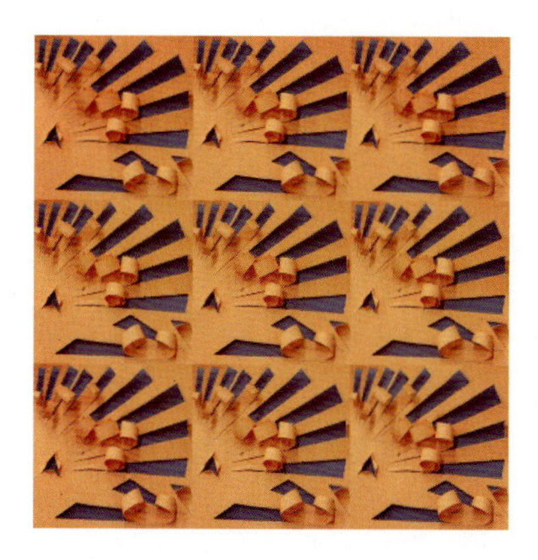

图 4-25 重复造型九宫格排列——二维半组合训练(六)

图 4-26 重复造型九宫格排列——二维半组合训练(七)

图 4-27 不同造型九宫格排列——二维半组合训练(一)

图 4-28 不同造型九宫格排列——二维半组合训练(二)

图4-29 不同造型九宫格排列——二维半组合训练(三)

图4-30 不同造型九宫格排列——二维半组合训练(四)

4.2 线材基础形态的构成

4.2.1 线型的造型特征

下面我们针对三维造型的基本元素进行详细学习以及训练,此节就是针对具有线条特征的材料(以下称线材),具备线条特性的形态以及基础训练中出现的形态(以下称线型),以及线的形成形态进行更详细的了解。线立体形态是指线通过排列、交织而在空间构成的形体,由于线立体所占据的空间为虚的空间,且是一种由线组成的交织面,因此会在视觉上给人以轻巧活跃的层次感和光幻感。线材在形态造型中扮演着重要角色,它决定形体的方向性,并可以把形态的轻量化表现得淋漓尽致。有时构成形体的骨骼线,成为其构造;有时成为形体的轮廓线,产生速度感或显示动势;有时还可成为装饰线,尽显美感。

在平面构成中,线是点带有方向性的运动变化时的痕迹。线只有长度和方向,是“一次元”或“一度空间”。线与点在几何学上同样都是没有宽度和深度的。线存在于点的移动轨迹、面的边界以及面与面的交界或面的断切截口上。线在立体形态中有哪些特性?这是我们应该重点注意的地方。不同形态的线带给我们不同的感受,比如,不同曲率的线,由于曲率的不同它们的弧度就不同,导致它们的语义表达不同。它们有什么样的语义表达?在形体中起到什么作用?传达什么含义?这些都是我们在设计中应该考虑的。

在造型艺术中,线型具有丰富的形状和形态,并在视觉上形成很强的运动感。在空间中,线型的边缘两侧能在视觉上产生虚面现象,如果把线型围成圆状,则形成圆的内侧虚面和外侧虚面。因此,线型的运用能产生很强的虚面效果,同时线型也具有划分空间的作用。

在实用设计中,形态由线来构成,线也是一件产品的结构、骨架,并且线能够表示出形态运动的方向,因此线在构成中占有很重要的地位,应该仔细体会线的特征。在视觉传达中,线材一般纤细空灵,具有特定的通透空间,比如,线与线的间距、大小产生不同的网格变化,在设计时应注意将周边的环境因素纳入到线形的形体之中,从而获得内涵的补充和完善。由线型关系造成的空间感，线的长度、宽度、倾斜角与画面空间外框有关的线的位置，都是影响空间的因素。线型构成都根据一个基本原则“不断改变形态内核轴线的方向”，这也是三维立体构成中的决定因素。训练的重点：如何开始和结束，怎样培养感觉使自己进入形态和结构的中心，如何培养善于处理轴线方向的能力。

在实用设计中，还要避免线的弱点。线的弱点是指线的基点就是点。比如，画出较乱的由许多线组成的画。不论是直线、曲线、折线，其起点与末端点过多的暴露，就会产生无序的凌乱。只有人们在平时多做、多看、多体会、多积累才能避免这种无序的凌乱。

4.2.2 线型的认识与分类

在使用线材构成形态时要注意线材的粗细程度，比如，粗线健壮有力，细线纤细敏锐；要体现直线和曲线的性格，比如，直线坚硬、郑重、男性化；曲线优雅、柔软、女性化。在安排线型形体时，要注意线材之间的空隙安排，空隙相等使人感到整齐，间隙宽窄不等使人感到力动的韵律。在对造型进行考虑时，要考虑到与支撑压缩相比，软线材的伸拉更显得轻巧、精绝。

4.2.3 线型设计思维的创新训练

创新训练题目一：线构成产品造型。

训练内容：比如，用铁丝制作一款手机架（见图4-31）/首饰架（见图4-32）/挂钩/杂物架/衣架，可以连续使用一条金属丝，将其扭曲产生一个新的形态，主要强调形体的量感。也可以用几何框架连续构成形式，将造型设计成有节奏地延伸的形态，也可以排列组合形态（见图4-33）。

训练目的：掌握硬线的设计语言，来表达一种抽象的造型，透过金属的材料，把脑中想到的设计思路立体的表达出来。掌握几何框架连续构成形式，通过造型训练把握造型整体美感、节点结构、功能性等综合造型能力，还要考虑选择合适的物品作为使用载体，根据造型进行合适的放置，以便达到美感与实用的结合。

训练要求：根据所放置物品的平均大小进行设计。数量为一个。多角度拍摄制作好的模型，使用状态和非使用状态各拍摄4张以上不同角度的照片。

训练思路：选定主题——→草图绘制——→选取材料——→手工制作——→展示成果。

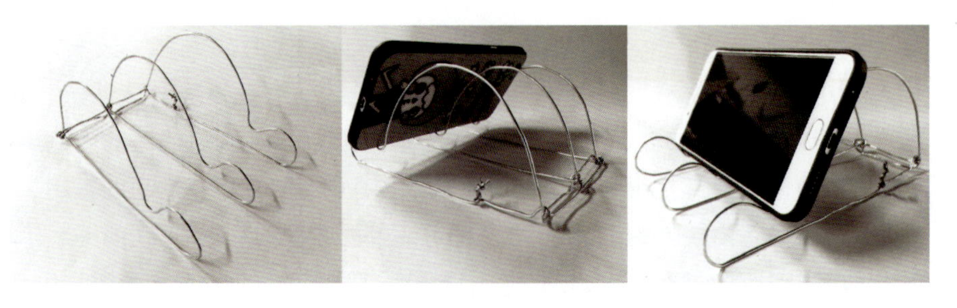

图4-31 带有功能的线形态作品手机支架

图4-32　首饰架(ABS实心管制作)

图4-33　线的排列造型(文具设计)

创新训练题目二:运用线的构成语言和结构原理进行“动态圆”的语义表达。

训练内容:综合使用不同的软性和硬性线材,在造型语义“动态圆”的限定条件下,通过不同的结构方法,比如,线的垒加构造、线的抻拉构造、线的连续构造等,来进行造型的表达。其造型稳定,整体轮廓感强,且可具有一定的机能(功能)。

训练目的:体验软性和硬性线材的特性,在限定条件下,如何准确达到“动态圆”的语义特征的造型效果(见图4-34至图4-36)。

训练要求:数量1个以上。造型尺寸规格不限。材料必须具备线性特征。结构合理,节点连接处连接自然、结实。要充分利用材料的特性。每个造型拍摄4张以上不同角度的照片。

训练思路:草图绘制──→选取材料──→制作──→展示成果。

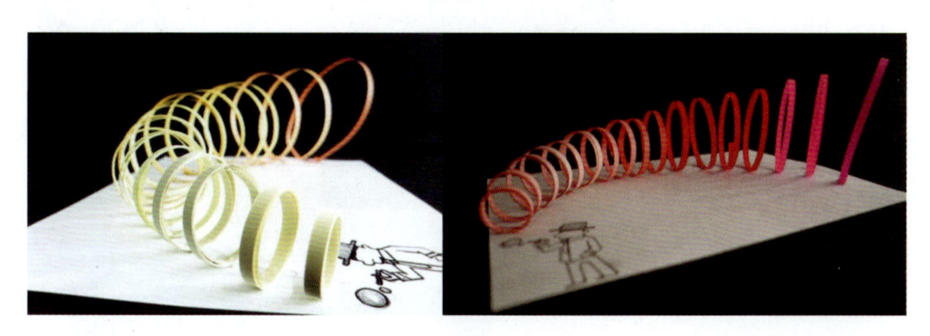

图4-34　线的形态作品(一)

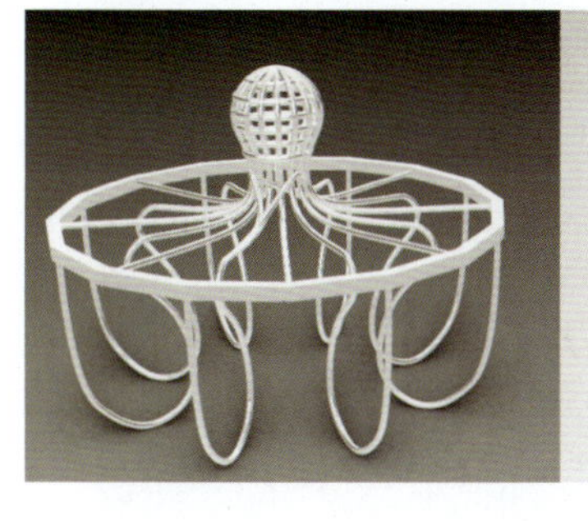
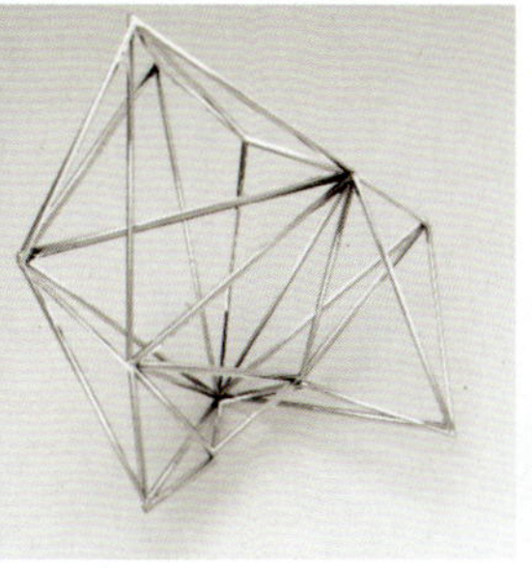

图4-35　线的形态作品(二)

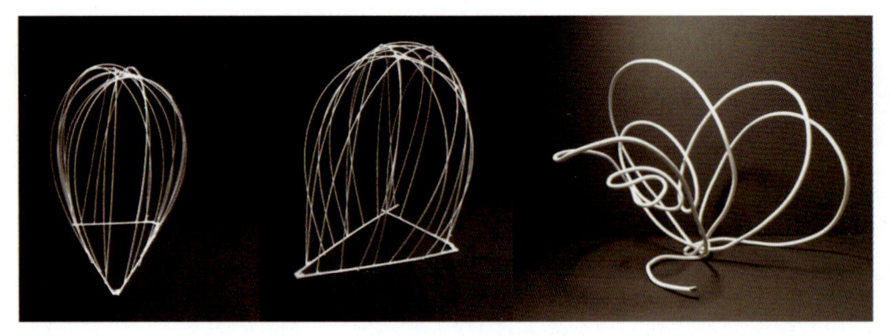

图 4-36 线的形态作品(三)

本节训练与作业

1. 课题训练

课题题目:运用线的构成语言和结构原理进行“线”的语义表达。

训练内容:综合使用不同的软性和硬性线材,在造型语义“线”的限定条件下,通过不同的结构方法,比如,线的垒加构造、线的抻拉构造、线的连续构造等,来进行造型的表达。其造型稳定,整体轮廓感强(见图 4-37 至图 4-40)。

训练目的:体验软性或硬性线材(ABS 实心管或竹丝等材料)的特性,在限定条件下,如何准确表达线的特征的最终效果。

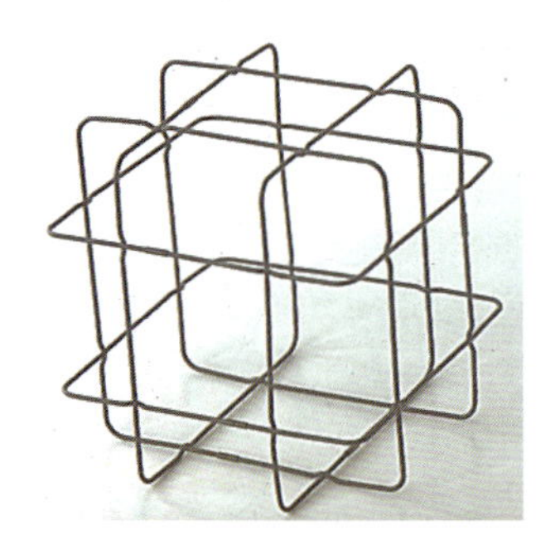

图 4-37 线的形态作品(四)

图 4-38 线的形态作品(五)

图 4-39 线的形态作品(六)

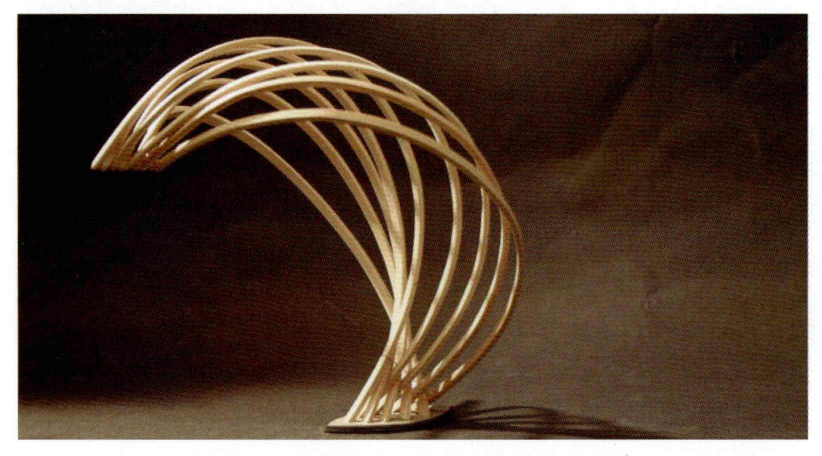

图 4-40 线的形态作品(材料为木条)

训练要求：（1）草图方案 3 个以上，可手绘，可电脑绘制。从草案中选取 1 个进行线造型的实现。复杂造型建议 3D 打印。

（2）造型的尺寸规格不限。材料必须具备线性特征。结构合理，节点连接处连接自然、结实。要充分利用材料的特性。每个造型拍摄 4 张以上不同角度的照片。

训练思路：草图绘制──→选取材料──→制作──→展示成果。

2. 作业欣赏（见图 4-41 至图 4-51）

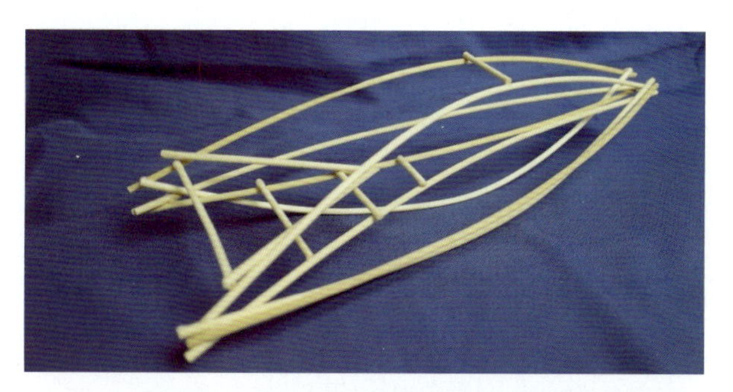

图 4-41　线的形态作品（材料为竹条）

图 4-42　线的形态作品（七）

图 4-43　线的形态作品（八）

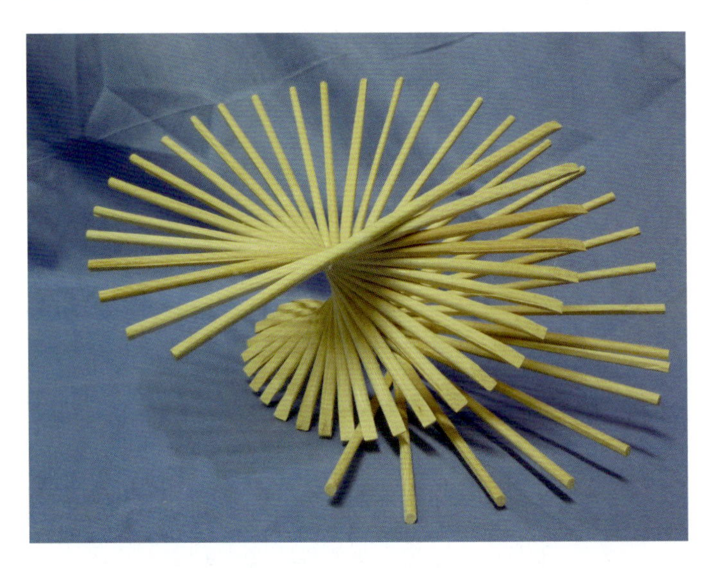

图 4-44　线的形态作品（九）

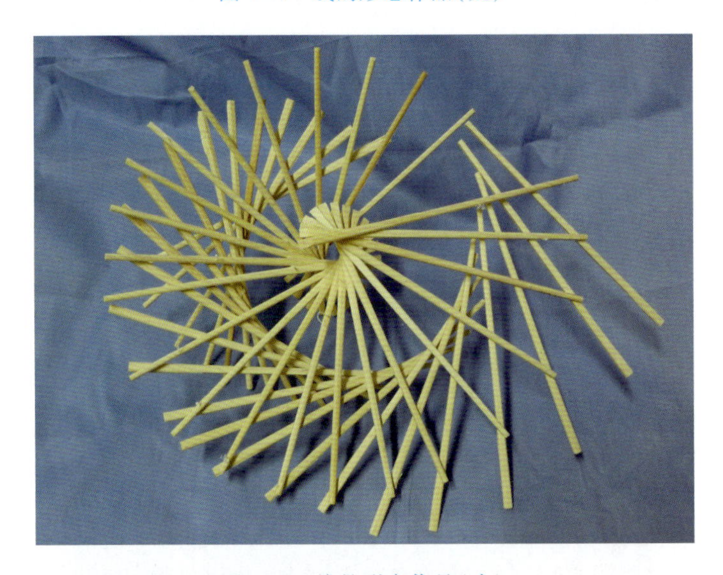

图 4-45　线的形态作品（十）

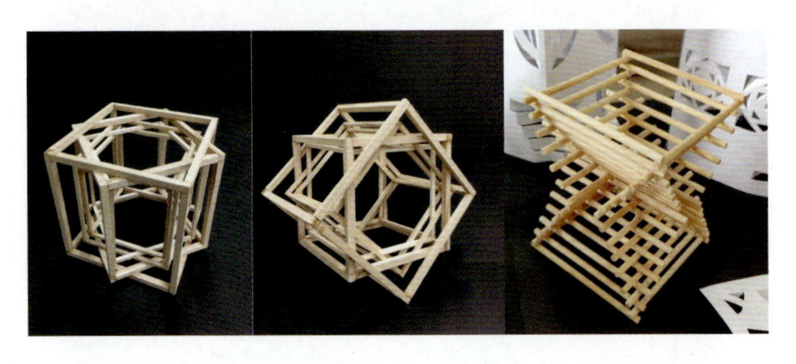

图 4-46　木条（线型排列）

图4-47　木料(L形字母造型)

图4-48　ABS实心管(线型造型)(一)

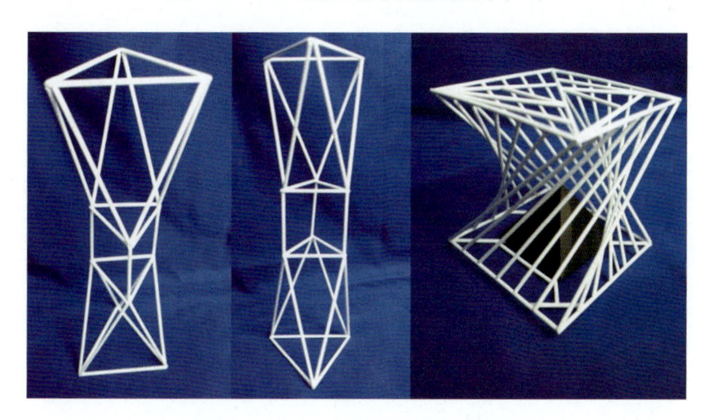

图4-49　ABS实心管(线型造型)(二)

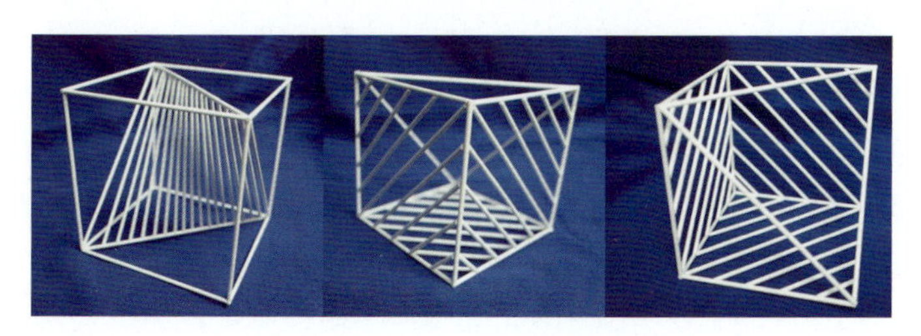

图4-50　ABS实心管(线型造型)(三)

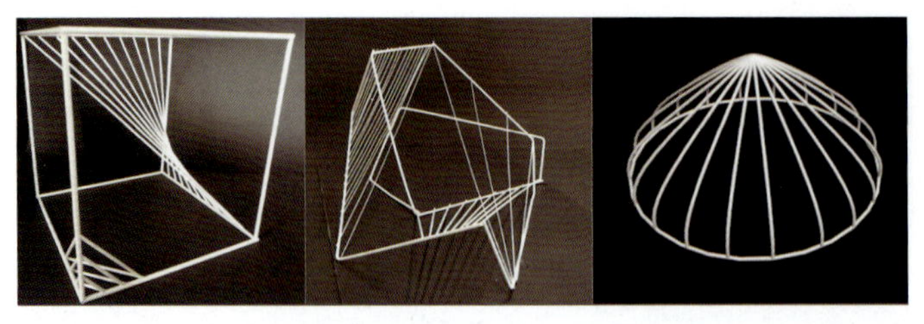

图 4-51 ABS 实心管(线型造型)(四)

4.3 面材基础形态的构成

4.3.1 面型的造型特征

下面我们针对三维造型的基本元素进行详细学习以及训练,此节就是针对具有薄面特征的材料(以下称面材),具备薄面特性的形态以及基础训练中出现的形态(以下称面型),以及面的形成形态进行更详细的了解。面在几何学上称其为线的重复移动,有长、宽,没有厚度,因此面型是指由具有长、宽两度空间素材所构成的立体形态。面型特性:宽阔、单薄,具有扩延感,较线材构成具有更大的灵活性与空间深度感。在现实生活中,面常指物体的表层。面是点、线与块之间转化的重要形态。在产品形态中,面的围合便是形体,所以研究产品形态,其实际价值在于研究纯粹的面,以及面与面之间的组合、形体之间的相互作用等。

在几何学上,面是由线的移动轨迹所致,但在现实生活当中,由块体切割所形成的面,或由面与面之间集聚构成的面则随处可见。厨师做菜可将一个柱体萝卜切成一片片的面,我们削苹果时也可构成螺旋状的面。自然界中类似的结构形式有很多,诸如蛋壳、贝壳、乌龟壳、蚌壳、螃蟹壳、昆虫、花生壳、板栗壳等,虽然厚度很薄,但韧性却很大,能承受较大的外压力,起到很好的保护作用。设计师应用仿生原理设计出许多薄壳结构建筑形态,如罗马奥林匹克体育馆、悉尼歌剧院、中国国家大剧院等。总之,面的视觉内涵轻薄而伸展,介于线材与块材之间,且因观赏角度不同会产生迥然不同的感觉。

面材构成的形态具有平薄与扩延感,较线材构成具有更大的灵活性与空间深度感。在现代设计领域,面材构成的应用非常广泛。建筑以各种建材构筑的墙面组合成立体空间的屏障;家具以铁、木、玻璃板材组装成中空立体;服装以各类面料构成人体的立体包装;食品包装以各类材质制造出形式多样的薄壳容器等。因此,通过各种面材的构成学习与研究,对推动现代设计各专业创造性思维的发展有着极大的帮助作用,亦即对立体设计及空间设计等有着重要的启示和拓展作用。

4.3.2 面型的认识与分类

面型的语言表达比线型明确,但是与块型相比则量感略显不足。在制作训练中,要注意面的不同表现形式,也要注意面的各种结构形式,如插接、折曲、翻转、壳体等常见结构形式,努力把面的优点,如流动、旋动、韵律等语义形式发挥出来。最能体现“线的移动轨迹”的是有一定弹性的或者柔软的面材。面分为平面和曲面两大类。不管是直面还是曲面,如果将其折叠或翻转成有序或随意的造型,都能显示出连续的意义。当然,如果再加以切割和折叠的变化,造型将更加丰富多彩。

面型的作用是塑造形体，分割空间。体的组成部分、面与面的结合、单独面的变化等都是复杂形态的最终组合者。近年来曲面造型深受大家喜爱，曲面形态能够增加产品的亲切感和使用的手感舒适度。随着制造工艺和材料工业的发展，越来越多个性化的面被创造出来，以满足人们对有机体柔和自然的特殊感情。

4.3.3　面型设计思维的创新训练

创新训练题目：体验面的折板和壳体构造，进行切割翻转、插接和组合等形式训练。

训练内容：利用卡纸、刚骨纸或者其他硬性面材料，通过切割、折叠、弯曲、插接等结构，制作一款带有面型特征的形态。

训练目的：体验面的折板和壳体构造，运用切割翻转、插接和组合等形式和手段进行造型训练。体验模块化的组装结构（见图 4-52 至图 4-54）。

训练要求：数量 2 ~ 3 个。将绘制的造型的平面图样、折叠翻转组合的步骤过程图、使用状态效果图（此步骤可拍成照片），共同编排在 A3 白纸上，可以手绘或打印，并提交电子文档，分辨率在 300 dpi 以上。

训练思路：草图绘制──→选取材料──→制作──→展示成果。

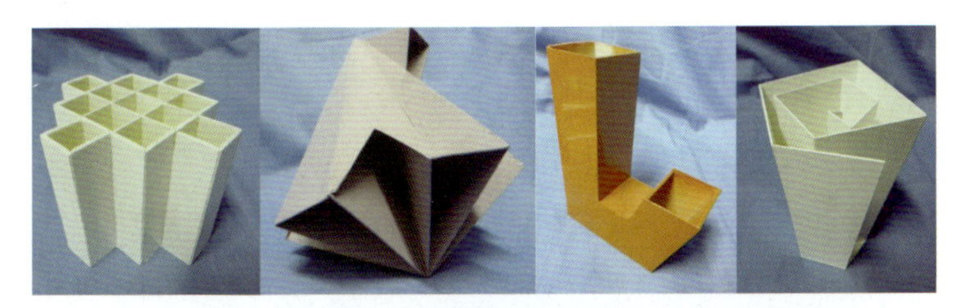

图 4-52　学生原创作品（一）

图 4-53　学生原创作品（二）

图 4-54　学生原创作品（三）

本节训练与作业

1. 课题训练

课题题目：服饰的设计。

训练内容：用黑卡纸、瓦楞纸、报纸、布料等软、硬面材，根据材料的特性，设计一款能使人穿戴的服饰，风格不限。

训练目的：了解软、硬面材的特性，并将造型结合其功能进行设计。

训练要求：数量一个。材质不限，功能不限，尺寸规格不限，以可供佩戴为准，主要是考虑服饰的样式风格设计。采用的连接方式不限，可以插接、钉接以及粘贴，或几种方式相结合。模特穿戴后拍摄4张以上不同角度的照片。

可以用制作或买来的成品人设（人偶），来展示自己设计的服饰造型。

训练思路：

（1）确定服饰穿戴场景，是舞台还是时装搭配，还是日常穿戴等。

（2）方案确定阶段：创意的草绘、速写、设计定位。

（3）设计过程阶段：可使用佩戴，并展示出一种设计风格，比如罗马等，可使用各种面材，连接方式不限。

（4）成果展示阶段：制作的成品要进行现场演示，进行总结，进行作品拍照等工作（见图4-55至图4-60）。

图4-55　服饰设计作品（一）

图4-56　服饰设计作品（二）

图4-57　服饰设计作品（三）

图4-58　服饰设计作品（四）

图 4-59　服饰设计作品（五）

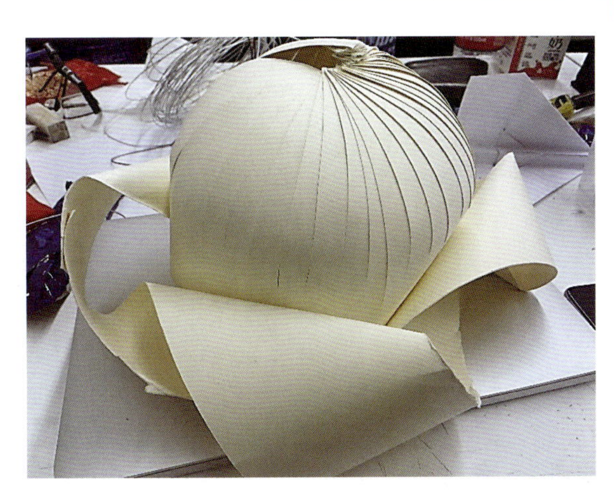

图 4-60　服饰设计作品（六）

2. 作业欣赏（见图 4-61 至图 4-66）

图 4-61　服饰设计作品（七）

图 4-62　服饰设计作品（八）

图 4-63　帽子设计（一）

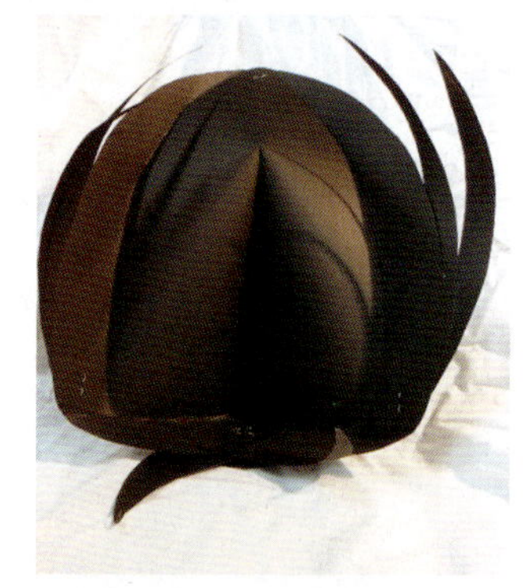

图 4-64　帽子设计（二）

图 4-65　帽子设计（三）

图 4-66　帽子设计（四）

4.4　块材基础形态的构成

4.4.1　块型的造型特征

下面我们针对三维造型的基本元素进行详细学习以及训练，此节就是针对具有块（体）的特征的材料（以下称块材），具备块的特性的形态以及基础训练中出现的形态（以下称块型），以及块的形成形态进行更详细的了解。

块立体形态是表面完全封闭的立体，给人以厚实的感觉。在人们的活动空间中，并非所有造型都以上述的立体形态出现，而是常常以综合性的立体形态出现，以满足不同目的的需求。块材是指内部被填满的立体，这种形体全都具有充实感、厚重感，包括偶然形（自然而美妙）、几何形（规则而合理）、有机形（温和而有亲切感）。

在块形态构成中点、线、面、块四要素可以相互转化而产生，同时点、线、面也是块的基础。视觉上的块型可以通过点、线、面转化的方式形成，如点的堆积、线的轨迹和积累、填补点与线构筑的空间、原有块体的切割堆砌以及空间中流动块体的形态等。例如，位于美国旧金山的福斯工作室设计的创新产品——智能声床，造型设计成像茧一样包裹身体的厚实造型（见图 4-67 至图 4-69），将振动模块嵌入到床的三角形底座中，能够让用户很轻松地进入所需的情绪状态中。

自然界中的许多物体是以不规则块型的形式存在，只有在矿物质和结晶体中，才可观察到规则块型的存在。块型包括基本的实心球体、圆锥体、三角锥体、圆柱体、棱柱体、正多面体。块型表面被切割成 4 个以上的平面，被称为多面体，若被切割的面积大小相同，而且以正多角形呈现，则称正多面体。包括正四面体、正六面体、正八面体、正十二面体、正二十面体 5 种。正六面体为基本块体，是切割成基本形状的正方体。

图 4-67　智能声床（一）

图 4-68　智能声床（二）

图 4-69 智能声床(三)

4.4.2 块型的认识与分类

块型是立体造型中最常见、最基本的表现形式，它具备三维空间的立体造型，也最能有效地表现空间的立体造型。比如，在宇宙空间中，多数物体是以块的形态呈现的，如山川、星球、生物躯体等都能带给我们实际的块的感受。块相对于线与面来说具有厚重、稳定和充实感，并在体积上占有优势。

在块型的成因中，不但包含实体(实体是块型的本身)，同时也包含虚体，二者组成完整的立体概念。在块型的表现中所形成的凹陷部分称为内部虚空间，即虚体。实体与虚体容易在视觉上形成连续，因此需考虑实体与虚体的比例。在块型外围存在着视觉上的外部虚空间，它对块型起到一定的限制作用。例如，沙发坐具的造型，凹陷去空间与支撑实体共同构成了提供人体休息的空间场所，根据人体的尺寸范围，凹陷下去的虚空间提供休息容纳的功能，而负责支撑的实体形态提供了支撑，语义表达等功能。

4.4.3 块型设计思维的创新训练

创新训练课题题目：动物立方体。将立方体转化为动物造型(见图 4-70 至图 4-77)。

训练内容：将立方体分割为没有任何残余剩片的组块。这些组块用铰接的方式可以连接在一起。组块可以使用木钉、木条、布条等材料作为组块的活动关节。经过切割后的块体和连接件有机组合后，可以组合成一个动物造型，也可还原回立方体。

训练目的：了解和熟悉块型形态的材料、结构等特性。

训练要求：建议提前设计草案。材料使用木材、雕塑泥都可，需提前准备材料。可以三维建模。任选手工制作或软件建模技法。尺寸不限。

训练思路：

(1)确定动物种类：分类的原则以两肢着地、站立式、四肢着地等为主。具体分类如下：

两肢着地：黑猩猩、袋鼠、土拨鼠等。

四肢着地：兔子、马、大象、熊猫、河马、水牛、犀牛、长颈鹿、梅花鹿、骆驼、狮子、老虎、豹、熊、狼、乌龟、鳄鱼、鼹鼠等。

鸟类：孔雀、大犀鸟、企鹅、丹顶鹤、天鹅等。

(2)创意分析过程：选定方案草案后，根据最终方案制作 CAD 图纸——三视尺寸图。

(3)三维建模效果图。

(4)实体模型。

（5）最后形成完整的PPT报告，需要有设计分析、设计过程（草图，思维导图）以及设计结果展示等，只要能快速表达效果就可。

图4-70　正方体解构为动物造型（一）

图4-71　正方体解构为动物造型（二）

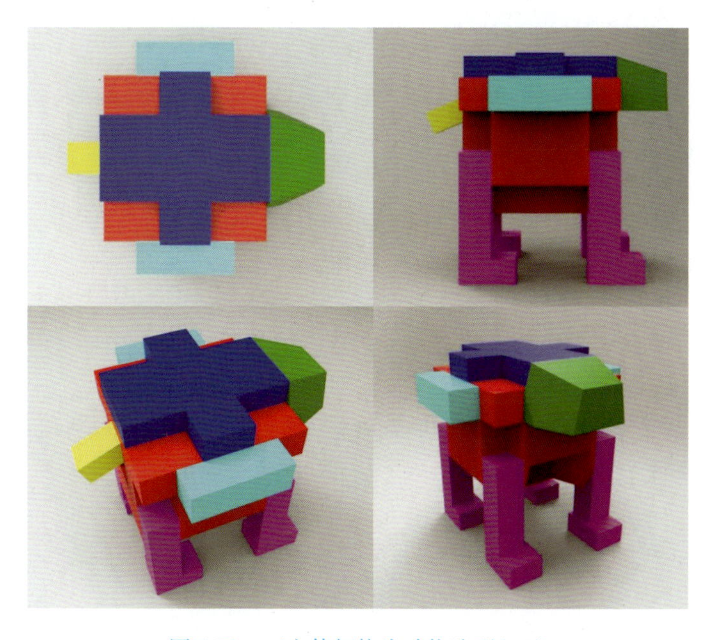

图4-72　正方体解构为动物造型（三）

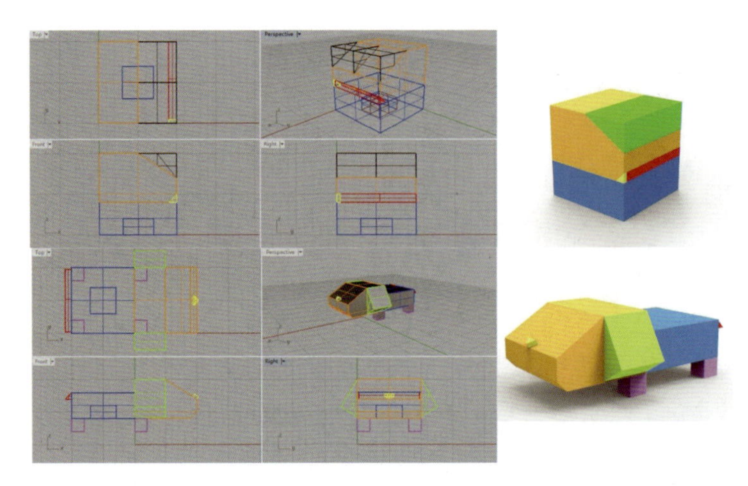

图 4-73　正方体解构为动物造型(四)

图 4-74　正方体解构为动物造型(五)

图 4-75　正方体解构为动物造型(六)

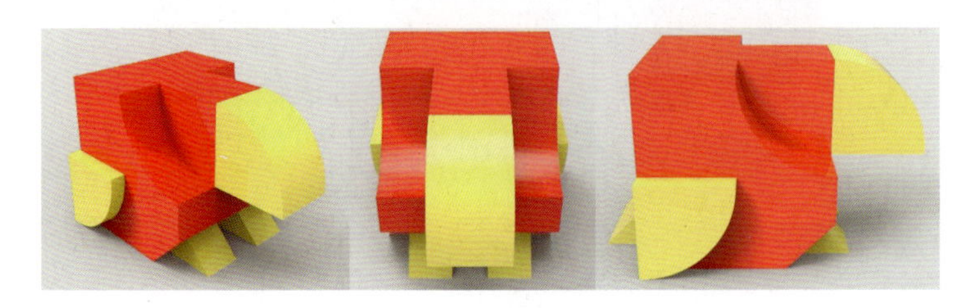

图 4-76　正方体解构为动物造型(七)

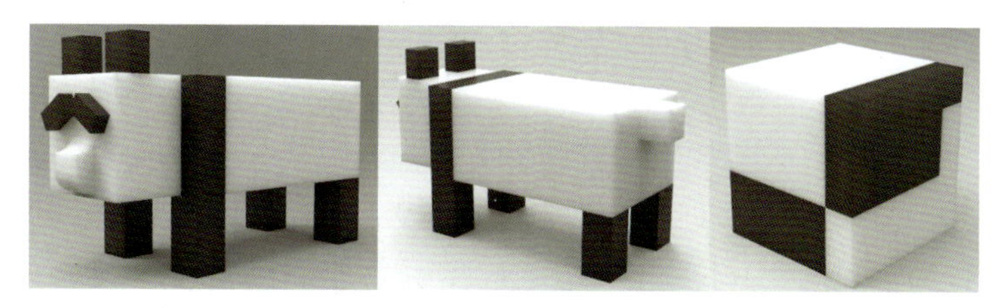

图 4-77　正方体解构为动物造型(八)

本节训练与作业

1. 课题训练

课题题目：直棱体形态构成(见图 4-78)。

训练内容：选择三个不同体量的形体，合理组合主导形体、次要形体和附属形体，建立各块之间的和谐关系。

主导形体——最大、最有趣、最生动；

次要形体——进行补充，对主要形体能够起到辅助和支撑作用；

附属形体——增加趣味性，增加对比感、精致感。

训练目的：能合理安排简单形体的空间组合，能充分理解新形体中点、线、面、块的关系，能注意到形体中的主次关系，能把主要形体、次要形体和附属形体这三个基本形体组合成比例协调、平衡稳定且优美的造型。

训练要求：材料可以使用白色肥皂块，或者木块，或者硬性泥塑。数量 3 个以上，可以放在一起进行评述，每个作品拍 4 个角度以上的照片留存。

训练思路：草图绘制——→选取材料——→制作——→展示成果。

2. 作业欣赏(见图 4-79 和图 4-80)

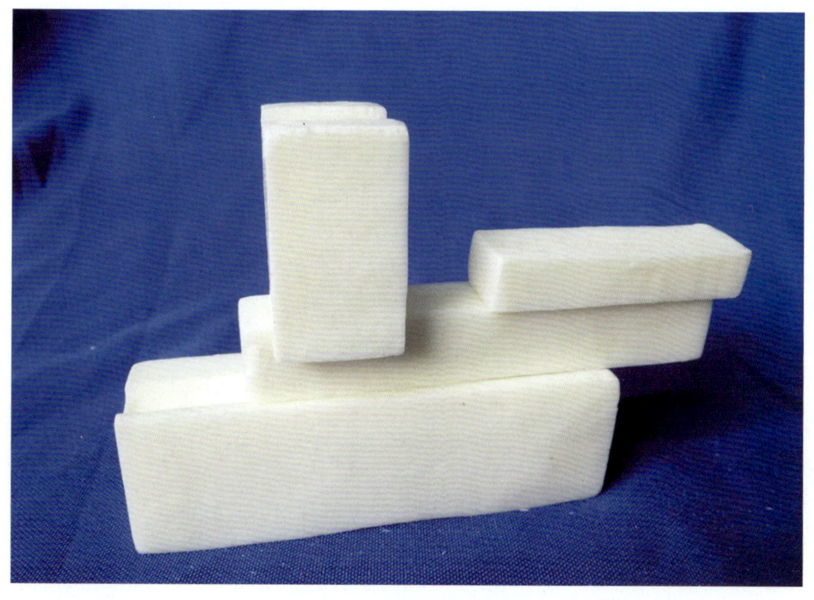

图 4-78　直棱体形态训练

图 4-79　直棱体形态造型(一)

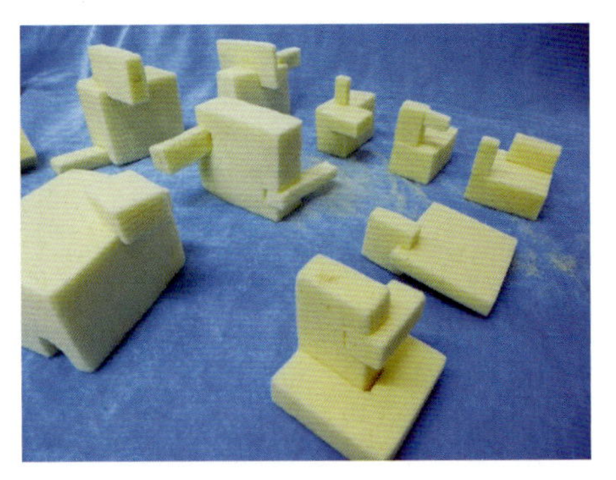

图 4-80　直棱体形态造型(二)

第5章 综合形态造型的构建

【学习目标】

本篇着重介绍了由点、线、面、块基本元素组合构成的复杂形态应具有的特性，要求学生掌握较复杂的空间造型。通过对复杂形态的理解，建立产品形态造型与机能之间的联系。本篇所介绍的内容为后续产品设计课程以及环境空间展示设计起到了衔接作用。

【学习重点】

能够构建美的并且复杂的形态，掌握综合产品造型的创意构型过程，掌握新技术条件下的形态造型设计思路。

5.1 形态造型与自然

自然形态是大自然的作品，没有人为的干预，有机的自然形态中体现着十足的生命力。自然界以某种特定的内在动力进行有机形态的构成。水、阳光、空气、温度等元素构成了自然进化的动力，这些元素使得自然的面貌始终处于运动当中，并形成统一性与协调感。比如蒲公英符合动力学的造型（见图 5-1）。因此，只有对物体的模式整体进行把握，探究形态造型生成的原因并多次试验，才能将一些我们想表达的内容通过造型进行相应的表达。

常识告诉我们，在所有立体形态中，球的表面积最小，在一定表面积下，圆的周长最短。正如牛顿所说“自然界不做无用之事，只要少做一点就成了，多做了却是无用，因为自然界喜欢简单化，而不用什么多余的原因去夸耀自己”大自然会用最简单的方法去构造万物的形态，而我们的视觉、触觉也逐渐适应了这种规则。形态是人类认识世界的一种媒介，对设计而言，形态既是功能的载体，又是文化的载体，设计的内涵和价值要通过形态来体现。

在立体构成中，对形态的综合构成，就是对空间立体的造型设计。首先要解决的是材料问题，不同的材料有不同的加工方式，在了解线材、面材、块材各自的特性并能够较为熟练地运用其去表达我们想表达的感觉时，综合性的组合就显得尤为重要（见图 5-2 至图 5-3）。在我们的日常生活中很难看到某个产品或者建筑是以单一的材料构成，因此将各种不同的材料变成一个美的复合形态的能力就显得尤为重要。

图 5-1 蒲公英形态

图 5-2 综合形态作品

图 5-3 综合形态作品效果图

5.2 产品形态造型与机能关系

人们在自然环境或人为空间里,视线所及都是形。由于形的存在而构成了人们对形态的意识概念,也引导人们对形态进行价值判断。形态的美与不美,必须与其他物体作比较,人们平常所说的形态很自然,形态很美等,都是形态的质的表现方式。形态的形成受两个主要因素的影响,即机能和技术。有机能的因素,才能使形态合理化;有技术的表现,才能再做有机的组合。

产品形态造型需要与机能保持一致,其中的部分造型设计尤其要与人机工程一起进行考虑。形态的存在价值主要依靠信息表达和机能承载,因此,产品形态是设计师在约束条件下进行的产品造型的设计,产品形态造型需要与其机能保持一致,其中的部分造型设计尤其要与人机工程一起进行考虑。例如,在设计按钮的形态时都会凹进去一些,而设计旋钮时都会在边上加上一圈纹路,从而更方面人们观察、理解以及使用产品(见图 5-4)。比如,为了显示"凹"的造型语言,键盘的按键也采用了相应特征的形态(见图 5-5)。为了表达"握"的语义特征,鼠标在造型上参考了人手的尺寸与使用状态(见图 5-6 和图 5-7)。

图 5-4 产品旋钮造型设计

图 5-5 产品键盘造型设计

图 5-6　产品鼠标造型设计

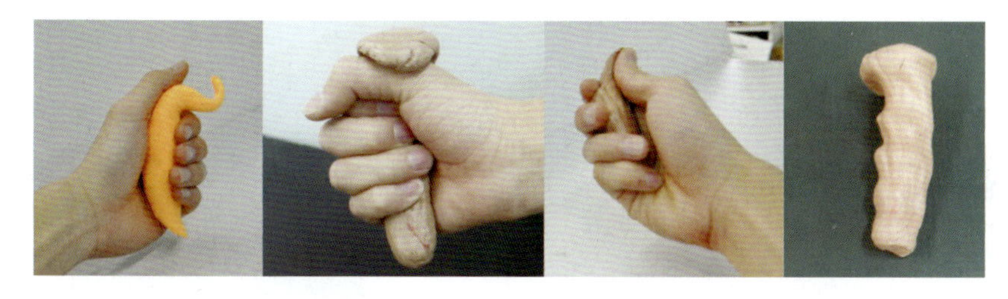

图 5-7　“握”的语义造型表达设计

5.3　三维形态造型感觉的培养

所有的产品造型都是在解决好机能、技术、工具间的矛盾后，才设计出来的最美、最方便、最有效的抽象形态，因为只有抽象形态才能集美、方便、高效于一身。那么，如何使“抽象”的产品具有强大的生命活力呢？这就需要我们去培养针对三维形态造型的审美感受。比如，创造造型的生长感和生命力。自然界的花草树木在生长进程中表现出旺盛的生命力，这种生命力即是由形态的生长来体现的。人们从自然界掌握了植物生长的规律，然后不知不觉地沉淀到审美意识中。比如，在 19 世纪末 20 世纪初的新艺术运动中，其艺术作品的最典型的纹样都是从自然草木中抽象出来，多是流动的形态和婉蜒交织的线条，充满了内在活力。如霍尔塔的“比利时鞭线”与吉马德的“地铁风格” 使人不禁为其线型中隐潜于自然生命表面形式下无休止的生命力所感动。

运动着的形态都引人注意，因为它意味着发展、奋进、均衡的美好的精神状态，能表现出生命力。我们可以着重培养造型的运动感。例如，20 世纪 30 年代至 40 年代最流行的产品风格——流线形风格。流线型原是空气动力学名词，用来描述表面圆滑、线条流畅的物体形状，这种形状能减少物体在高速运动时的风阻。在工业设计中，流线型却成了一种象征速度和时代精神的造型语言。流线型风格起源于空气动力学试验，因而在汽车、火车、飞机、轮船等交通工具上运用流线型设计，不仅有其美学意义，而且更具有科学基础。其实，任何物体的视觉形象，只要它显示出类似楔形轨迹、倾斜的方向、模糊的或明暗相间的表面等知觉特征，就会给人一种正在运动的印象。

世界著名的设计怪杰路易吉 · 克拉尼根据自己坚信的自然界法则，在自然中寻找设计灵感，追求人性化的设计，利用曲线发明独特的生态形状，并将它们广泛地应用于圆珠笔、时装、汽车、建筑和工艺品设计当中。路易吉·克拉尼认为他的灵感都来自于自然:“我所做的无非是模仿自然界向我们揭示的种种真实。”路易吉·克拉尼设计的产品,因其自由的造型、仿生的设计使得作品生动,富有活力,让人过目不忘。例如,他为美国航天局设计的飞机如同鹰隼搏击长空,造型飘逸灵动;他仿蚁巢设计的罗托儿房屋(Rotor House),房间长宽都只有6 m,厕所、厨房、卧室设计成胶囊的样子,可以灵活布局,在完全不影响起居的前提下,还留出了剩余的空间。路易吉·克拉尼的设计理念,简单地说,就是以人为本。比如,他提出要设计一把椅子,那就一定要适合人体的生理特点,让坐在上面的人,感觉到最舒适。再比如,他设计的一只杯子,也许形状有些“奇怪”,但有一点不会变,那就是它的把手一定在你感觉到最“顺手”的那个位置上。环保和仿生造型是他的设计特点,前卫新颖的大胆造型,能给人们带来无限遐想(见图5-8至图5-11)。

图5-8　路易吉·克拉尼设计作品(一)

图5-9　路易吉·克拉尼设计作品(二)

图5-10　路易吉·克拉尼设计作品(三)

图5-11　路易吉·克拉尼设计作品(四)

5.4　新技术与计算机软件辅助三维造型

自工业革命以来,全球的产业结构发生了巨大变化,从机械工业时代到电气时代,再到信息时代,物质世界和社会环境均发生了翻天覆地的变化,高技术带给人类舒适生活的同时,也产生了不少负面影响。技术的神奇力量使人类在自己创造的技术面前惊喜不已,但其所导致的生态失衡,也让人类付出了惨痛代价。在如此情境之下,“是否有用”或“是否美观”在设计理论中也不再是绝对的重心,设计理念在“形式与功能的争吵声”中渐渐趋向于要符合人类的真正需求。于是,设计界围绕文化、环保、伦理等问题开始了关于设计的新思考,进而催生了诸如人性化设计、绿色设计等新的思潮。

5.4.1　参数化建模辅助造型设计

参数化建模是在有了强大计算能力的计算机之后才有的一种建模方法，其原理是通过严密的逻辑进行计算生成模型。参数化是工具也是一种思维方式，它在不同领域中的应用会产生不同的过程和结果，它需要极端缜密的逻辑思维，去输入输出像程序一样的语言。比如，TJR 设计工作室运用参数化软件进行编程，通过一层层片状的亚克力板材构造的范式，设计出富有韵律变化的艺术灯具（见图 5-12）。亚克力通过铬色的铜柱进行连接，灯具的表皮呈现变化的造型，这一系列的灯具造型独特，具有舒适感和雕塑感。

现阶段多用犀牛（Rhino）平台中的 Grasshopper（简称 GH）软件进行参数化造型设计，一方面其可视化效果做得较好，另一方面其在后续中生产过程中非常便利。以建筑专业为例，参数化设计可以大大提高模型的生成和修改的速度。在建筑方案设计过程中，采用参数化建模辅助，会使建筑方案的逻辑思维更强，数据来源更准确，分析结果更加合理。例如，奇尔兰·迪波雷克在设计美国驻英国伦敦大使馆时摈弃了传统的“围墙式”的大使馆方案，将建筑坐落在拥有城市公园和池塘的场地（见图 5-13）。优美、节能、健康的建筑表面设计消解了建筑体量；建筑师优化设计的遮阳系统利用 ETFE（乙烯－四氟乙烯）材料，可以高效地遮挡建筑物东、西、南三个方向的阳光照射。完美的比例、轻盈的质感以及虚实的过渡转变无不展现了建筑师对美学和材料工艺的精准控制。

图 5-12　参数化设计灯具造型

图 5-13　美国驻英国伦敦大使馆

5.4.2 人工智能辅助造型设计

人工智能的智能行为主要表现在自然语言的处理、存储知识、自动推理和机器学习等方面。人工智能系统的自动生成是基于海量消费者偏好的数据，比人类更容易抓住消费者的需求。如今，通过先进的算法，在造型方面也有了一定的探索、创造能力。现阶段虽然其造型能力还不成熟，但已然可以做到通过算法将抽象的文字自动生成到设计效果图，还可以将草图自动生成到设计效果图。设计师逐渐充当起了"买手"的角色，也许在不久的将来，人们只要给出一定的限制，计算机就会自己设计造型并进行展示，人们只需从中挑取符合自己审美的造型即可。

法国著名设计师菲利普·斯塔克和设计师卡尔特尔与 Autodesk 公司合作，创造了一款完全由人工智能设计的椅子（见图 5-14）。在 2019 年米兰设计周上展出并被命名为人工智能（A. I.）。这个座椅诞生于斯塔克对一台机器提出的一个问题：人工智能，你知道我们如何用最少的材料让身体休息吗？菲利普·斯塔克使用的软件具有 Autodesk 公司所设计软件的功能，比如，尖端的 AI 辅助设计技术。这个座椅所采用的生成性设计是一种设计探索技术，它允许设计师和工程师输入他们的设计目标，以及材料、制造方法和成本约束等参数，然后，该软件统计解决方案的所有可能排列，快速生成设计方案。它测试并从每一次迭代中学习哪些是有效的，哪些是无效的。卡尔特尔使用 100% 的再生材料生产的人工智能椅子，其设计采取尊重和保护环境的良性手段，将清洁工业废料重复使用，并将其转化为原料，以保证产品的美学质量和结构要求，并减少生产所需的排放。

图 5-14　人工智能生成的椅子

训练与作业

1. 课题训练

课题题目：线、面、块材的组合综合构成（见图 5-15 至图 5-29）。

训练内容：用 KT 板作为材料，运用点、线、面、块的造型元素，构建一组混合式空间造型。

训练目的：运用建筑空间的思维方式，采用具有明显线、面、块特征的造型来进行空间的组合。较完整的立体造型形态，一般都应具有点、线、面、块等的造型共同构成综合的形态。因为这些构成要素是构成一件完整的立体造型必不可少的因素。常见的综合构成可以归纳出以下四种综合构成方式：点与线的组合、线与面的组合、面与块的组合以及点、线、面、块的组合等。

另外，从形的选择与组织上，可以归纳出以下综合组合构成法：使用不同单位造型元素组合、同单位造型元素的规则组合或不规则的造型元素组合。不管运用哪种综合构成方式，在构成的过程中都要注意考虑单位构成元素在空间构成中的位置、数量、大小、材质、肌理、色彩等因素的对比与变化、和谐与统一，还必须考虑各个构成元素之间的关联性，只有如此才能构成理想的整体效果。综合构成需要全面调动形式要素，才能表现出丰富的形态与内涵。

训练要求：底板可以用黑色或白色的厚 KT 板。整个作品的造型高度为 20 ~ 30 cm，其他不限。建议使用 KT 板材进行制作。注意综合构成练习中的线、面、块的选择与运用，形式的表现与意境的表达。

训练思路：草图方案绘制——→选取材料——→制作——→总结整理。

2. 作业欣赏（见图 5-15 至图 5-29）

图 5-15　组合综合形态（一）

图 5-16　组合综合形态（二）

图 5-17　组合综合形态（三）

图 5-18　组合综合形态（四）

图 5-19　组合综合形态（五）

图 5-20　组合综合形态（六）

图 5-21 组合综合形态（七）

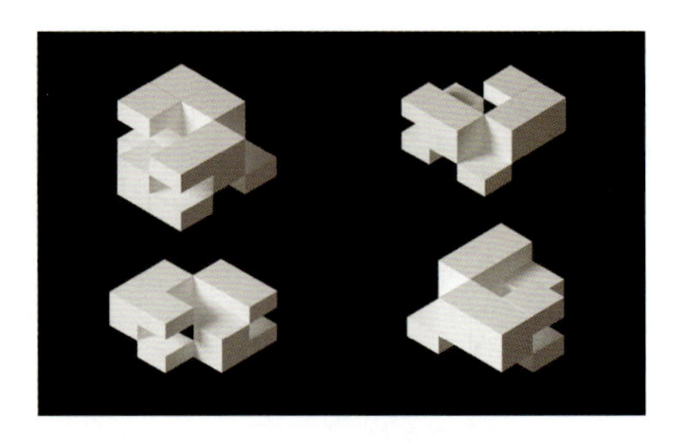

图 5-22 组合综合形态（八）

图 5-23 组合综合形态（九）

图 5-24 组合综合形态（十）

图5-25　组合综合形态（十一）

图5-26　组合综合形态（十二）

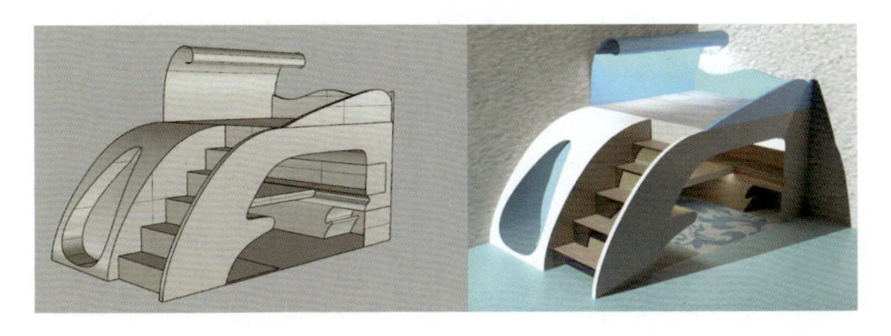

图5-27　组合综合形态（十三）

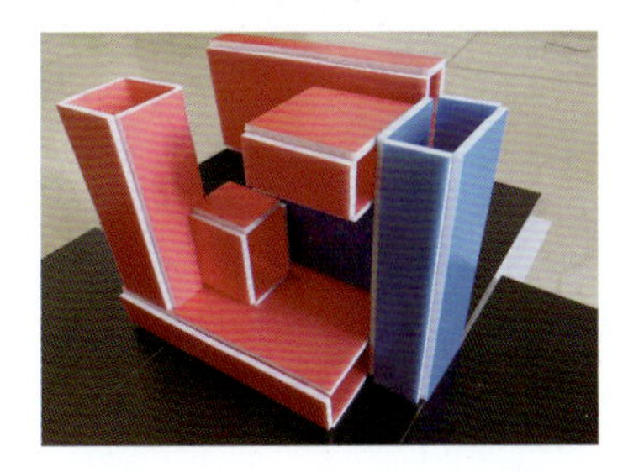

图5-28　组合综合形态（十四）

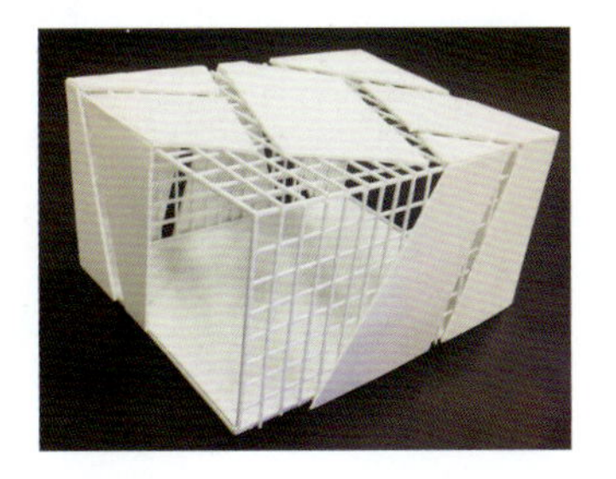

图5-29　组合综合形态（十五）

综合训练

训练题目：选择一款废旧电子产品进行拆解、安装和复原。

训练目的：了解和熟悉该产品的结构、材料、造型等特性，以及审美感受。

训练要求：

（1）先了解该产品的说明书或者结构，如果没有说明书，可上品牌官网中的维修指导手册中查，或者自行搜索，查找图纸资料；根据说明书，提前准备拆解工具。要求将拆解工具拍照。

（2）根据说明书，提前勾勒拆解流程图或者拆解步骤，做到心中有底。要求将拆解流程图或者拆解方案拍照。

（3）建议准备一大张纸或者空白区域，画好分区，标注好 1、2、3、4 等数字，把依序拆解下来的零部件按照标注顺序摆放；建议用双面胶把螺丝钉等固定好。要求将拆解过程拍照，将拆解好的零件摆好，拍照，不少于 2 张。

（4）将零部件组装，再复原整机。要求将复原后的电子产品拍照，并撰写拆解的感想或心得或失败的原因，字数不限。

训练步骤：见图 5-30 至图 5-32。

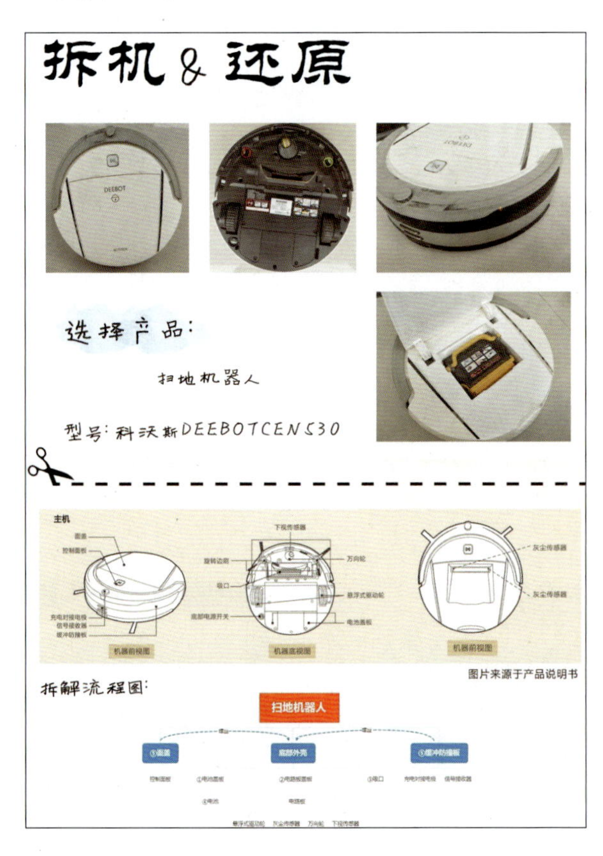

图 5-30 拆机及还原训练（一）

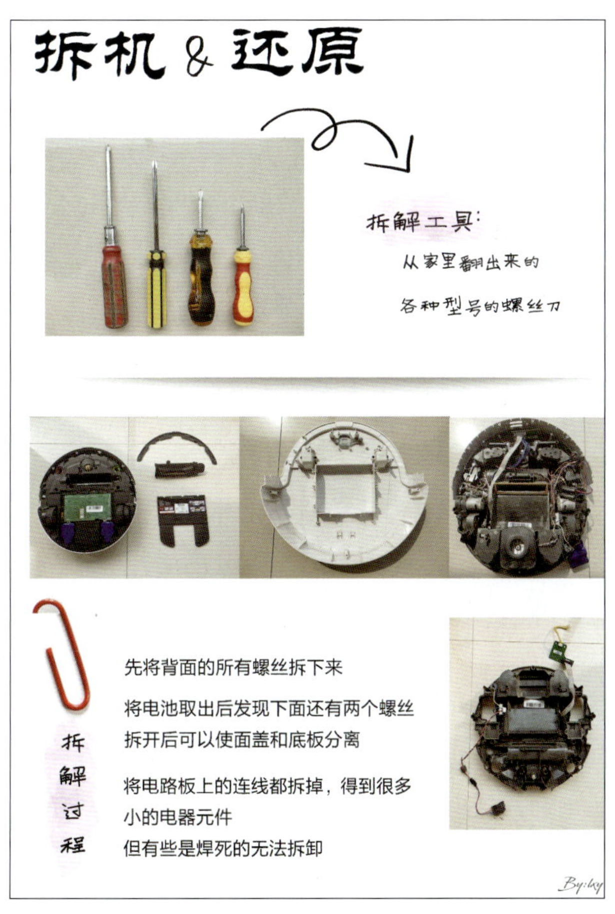

图 5-31　拆机及还原训练(二)

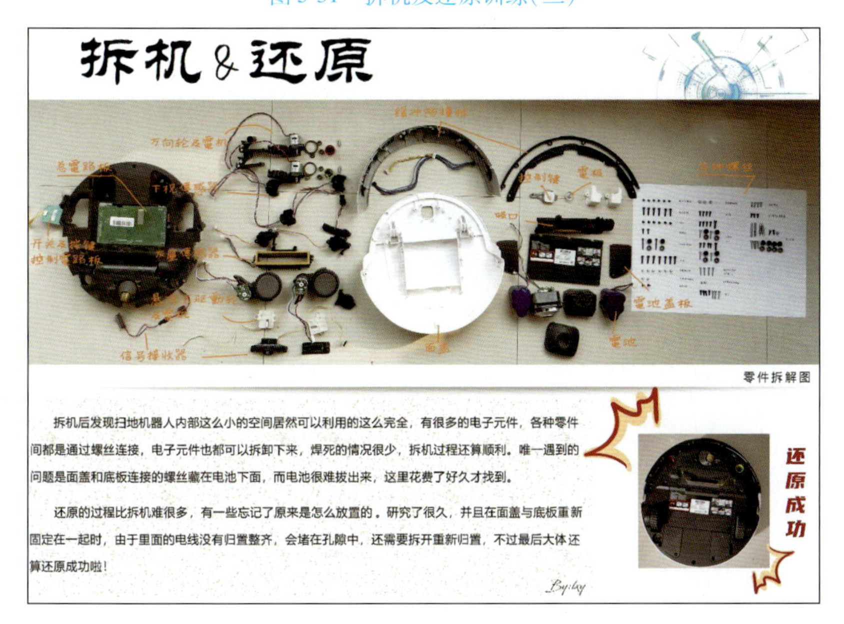

图 5-32　拆机及还原训练(三)

后　记

人类设计活动必然处于某种环境（包括自然环境、社会环境和文化环境）之中，环境与设计之间是一种互动的“生态系统”，如何保持这种生态系统的平衡性是设计科学所面临的新课题。采用人性化设计，即“以人为本”的设计，强调以人为中心，满足人的物质和精神需求，无疑是保持这种生态系统平衡性的有效途径。环顾我们的生活，不难发现，小到钮扣设计，大至环境景观设计，都无不渗透着人性化设计的理念，也涌现出了很多值得我们借鉴的优秀设计作品。

三维形态的实用性非常强，在塑造形体的设计中应用广泛，例如，城市雕塑、建筑模型，工业造型设计等，都是由三维基础形态创意设计而成。在三维基础形态造型创意设计中，由人、产品、环境三要素构成的“人（设计的主体）—产品（设计的结果）—环境（设计所处的环境及产品的消费环境）”设计系统，无时无刻不在指导着人类的设计思想，帮助人类设计出层出不穷的优秀作品，使我们的生活更加美好。我们的生活是要面向未来的，走向未来的设计，一方面要延续以人为本、绿色设计、人性化设计的属性，另一方面要在高新科技、智能材料、新的文化生活、新的社会结构、新的意识形态之下，使设计形成多元化趋势。

在学习中，要结合材料的材性、构性、加工工艺去进行产品设计，并协调这些因素，力求将它们统一在一个具有抽象功能的形态中。这些形态虽是相对抽象的，但的确又是人们生理上和心理上的反映，同时也是人们曾有过的体验，并启发人们去重新思考一些问题。

德国斯图加特设计学院原院长雷曼教授在教学上强调：“并非学得越多越好，越宽越好，而主要是掌握设计思维的方法。作为老师应该以一个组织者和指导者的身份出现，通过基础教学的课题训练，引导学生去思考、观察、分析和解决问题，进而学习方法、掌握方法、领会方法、创造方法，让基础教学能够通畅地过渡到设计实践中去。”

王　璿　王　鑫

2022 年 1 月

于上海

参 考 文 献

[1]史习平,马赛.设计表达(二):产品设计的立体表达[M].哈尔滨:黑龙江科学技术出版社,1996.

[2]希尔德布兰特,特隆巴.悭悭宇宙:自然界里的形态和造型[M].沈葹,译.上海:上海教育出版社,2004.

[3]刘春雷,江兰川.纸品创意与设计[M].北京:化学工业出版社,2014.

[4]杰克逊.从平面到立体:设计师必备的折叠技巧[M].朱海辰,译.上海:上海人民美术出版社,2012.

[5]北条敏彰.组合折纸新玩法100招[M].何凝一,译.郑州:河南科学技术出版社,2012.

[6]怀本加,罗斯.包装结构设计大全[M].谢晓晨, 秦伟,译.上海:上海人民美术出版社,2017.

[7]蔡惠东,陈黎敏.包装纸盒创新设计及图集[M].北京:印刷工业出版社,2012.

[8]蔡惠平,何松.包装纸盒造型创意设计[M].北京:文化发展出版社,2017.

[9]管杰,李家茂,杨烜.魅力纸飞机:纸模型飞机的制作、放飞与比赛[M].北京:航空工业出版社,2016.

[10]严英秀.纸飞机[M]. Stephen F. pomroy,刘祖勤,译.北京:中译出版社,2016.

[11]深圳市艺力文化发展有限公司.全球好创意:纸艺术[M].大连:大连理工大学出版社,2013.

[12]吴丽华.礼服的设计与立体造型[M].北京:中国轻工业出版社,2008.

[13]胡璟辉,兰玉琪.立体构成原理与实战策略[M].北京:清华大学出版社,2017.

[14]周至禹.形式基础训练[M].北京:高等教育出版社,2009.

[15]辛华泉.立体构成[M].长沙:湖南美术出版社,2001.

[16]汉娜.设计元素:罗伊娜·里德·科斯塔罗与视觉构成关系[M].李乐山,韩琦,陈仲华,译.北京:中国水利水电出版社,知识产权出版社,2003.

[17]伊拉姆.设计几何学:关于比例与构成的研究[M].李乐山,译.北京:中国水利水电出版社,知识产权出版社,2003.

[18]王丽云.空间形态[M].南京:东南大学出版社,2010.

[19]褚智勇.建筑设计的材料语言[M].北京:中国电力出版社,2006.

[20]陈岩,聂守宏,汤士东.立体构成设计[M].北京:北京大学出版社,2013.

[21]高嵬,裘航.艺术设计的三维表现[M].成都:四川大学出版社,2014.

[22]孙文涛,董斌.立体构成与形态造型[M].沈阳:辽宁科学技术出版社,2010.

[23]赵殿泽.立体构成[M].沈阳:辽宁美术出版社,2001.

[24]拉夫特里.产品设计工艺经典案例解析[M].刘硕,译.北京:中国青年出版社,2008.

[25]吴丽华.礼服的设计与立体造型[M].北京:中国轻工业出版社,2008.

[26]小林克弘.建筑构成手法[M].陈志华,译.北京:中国建筑工业出版社,2004.

[27]程大锦.建筑:形式、空间和秩序[M].刘从红,译.天津:天津大学出版社,2008.